JN157042

世界を変えた
50人の
女性科学者たち
WOMEN IN SCIENCE
50 FEARLESS PIONEERS WHO CHANGED THE WORLD
著・イラスト：レイチェル・イグノトフスキー
訳：野中モモ
創元社

日本版によせて

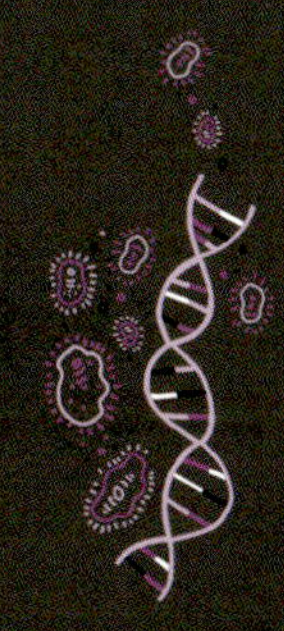

この本では、古代から現代まで、自然科学、工学、数学、医学などのさまざまな分野で輝かしい偉業を成しとげた女性の科学者たちが紹介されています。彼女たちの革新的な発見と冒険には、あなたが子どもでも大人でも、女でも男でも、わくわくさせられること間違いなしです。「この世界についてもっと知りたい」と願うのは、性別を問わず誰にとっても自然なことです。にもかかわらず、女性が科学を専門的に学ぶことがなかなか許されなかった時代が、かつて何世紀にもわたって続いていました。この本に登場する女性たちは、そんな逆境にもめげず、驚くべきねばり強さと創意工夫でもって歴史に名を刻んだ先駆者たちです。

彼女たちは優秀な頭脳と強い心、家族や同士の協力に恵まれる運のおかげもあってなんとか研究を続け、今日では偉大な科学者として尊敬されています。その不屈の意志は感動的です。でも、もし彼女たちが理不尽な差別に悩まされずに済んでいたら、さらにすごい業績をあげることができていたのではないでしょうか。そして、学ぶ機会すら与えられなかった女性や、道なかばで諦めざるをえなかった女性、優れた仕事をしたのに認められなかった女性たちが、他にも数えきれないほどたくさんいたに違いないことも、決して忘れてはいけません。もちろんそこには性差別だけではなく、人種差別や経済格差などの問題も重なりあっています。

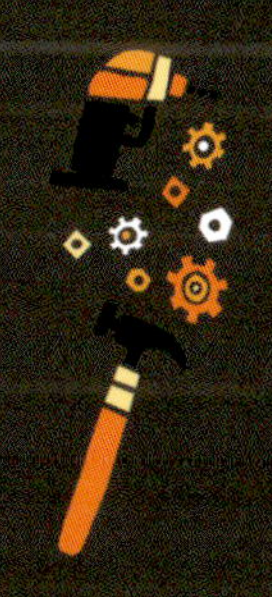

政治や社会情勢も彼女たちの人生に大きく影を落としています。歴史上、個人の幸福と自由は、自然災害に加えて、国家や民族や宗教間のいさかいによってもたびたび損なわれてきました。戦争中には男性たちが戦場に送られ人手不足が発生したことから、ようやく家庭の外に出て活躍するチャンスを摑んだ女性もいました。しかし、そうした状況のもと進められた研究が、しばしば兵器の開発など恐ろしい破壊と暴力に結びついていたのも事実です。このように、科学の大きな力は使いかた次第で悲惨な事態を招いてしまう場合があることにも注意が必要でしょう。

私たちはいま、そうやって積み重ねられてきた歴史の最先端を生きています。悲しいことに現在でも「男は理系、女は文系」とか「男は仕事、女は家庭」といった時代遅れの考えかたはこの社会に根強く残っており、女性が科学の道に進むのを阻もうとする圧力はまだ完全には消え去っていません。これに立ち向かうべく、女の子たちが科学に興味を持ち、学び、職業として選択するのを応援しようという気運が国際的に高まりを見せています。この本がアメリカ合衆国で出版されて大きな注目を集め、さまざまな言語に翻訳されているのも、その証拠のひとつと言えるでしょう。なお、あなたが手にしているこの日本版では、デザインを優先し、原書の文章の内容を一部要約してあることをここでお断りしておきます。

あらゆる差別を解消し、貧困の苦しみをなくして、誰もが好きなことを自由に学べる社会を築くこと。科学が誰かを傷つけるために利用されるのではなく、さまざまな問題を解決し、困っている人を助ける平和な世界を実現すること。こうした理想を目指して努力することの大切さを、勇敢な女性科学者たちの人生は教えてくれます。願わくばこの本があなたのやる気を刺激し、科学をより身近に感じるきっかけとなりますように。

野中モモ

目次 CONTENTS

日本版によせて（野中モモ）……3
はじめに……6
ヒュパティア（天文学者・数学者・哲学者、350〜370-415？）……8
マリア・ジビーラ・メーリアン（科学イラストレーター・昆虫学者、1647-1717）……10
王貞儀／ワン・チェンイ（天文学者・詩人・数学者、1768-1797）……12
メアリー・アニング（化石コレクター・古生物学者、1799-1847）……14
エイダ・ラヴレス（数学者・作家、1815-1852）……16
エリザベス・ブラックウェル（医師、1821-1910）……18
ハータ・エアトン（エンジニア・数学者・発明家、1854-1923）……20
ネッティー・スティーヴンズ（遺伝学者、1861-1912）……22
フローレンス・バスカム（地質学者・教育者、1862-1945）……24
マリー・キュリー（物理学者・化学者、1867-1934）……26
メアリー・アグネス・チェイス（植物学者・女性参政権活動家、1869-1963）……28
◆歴史年表……30
リーゼ・マイトナー（物理学者、1878-1968）……32
リリアン・ギルブレス（心理学者・産業技術者、1878-1972）……34
エミー・ネーター（数学者・理論物理学者、1882-1935）……36
イーディス・クラーク（電気エンジニア、1883-1959）……38
カレン・ホーナイ（精神分析医、1885-1952）……40
マージョリー・ストーンマン・ダグラス（文筆家・環境保護活動家、1890-1998）……42
アリス・ボール（化学者、1892-1916）……44
ゲルティ・コリ（生化学者、1896-1957）……46
ジョーン・ビーチャム・プロクター（動物学者、1897-1931）……48
セシリア・ペイン＝ガポーシュキン（天文学者・天体物理学者、1900-1979）……50
バーバラ・マクリントック（細胞遺伝学者、1902-1992）……52
マリア・ゲッパート＝メイヤー（理論物理学者、1906-1972）……54
グレース・ホッパー（海軍准将・コンピュータ科学者、1906-1992）……56
レイチェル・カーソン（海洋生物学者・環境保護活動家・作家、1907-1964）……58
◆実験のための器具……60
リータ・レーヴィ＝モンタルチーニ（神経科医・イタリア元老院議員、1909-2012）……62
ドロシー・ホジキン（生化学者・X線結晶学者、1910-1994）……64

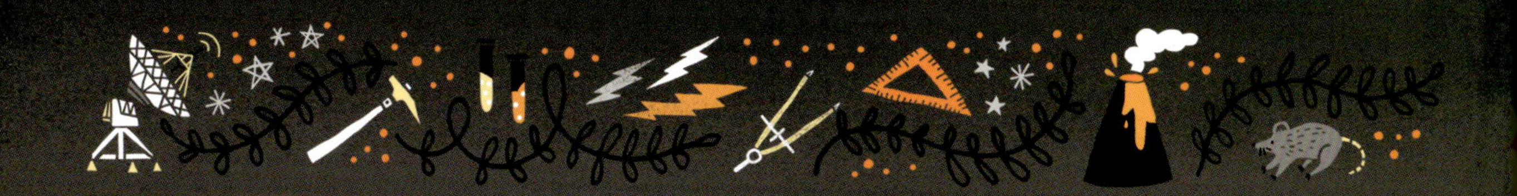

呉健雄／ウ・チェンシュン（実験物理学者、1912-1997）……66
ヘディ・ラマー（発明家・映画女優、1914-2000）……68
マミー・フィップス・クラーク（心理学者・公民権活動家、1917-1983）……70
ガートルード・エリオン（薬理学者・生化学者、1918-1999）……72
キャサリン・ジョンソン（物理学者・数学者、1918-2020）……74
ジェーン・クーク・ライト（腫瘍学者、1919-2013）……76
ロザリンド・フランクリン（化学者・X線結晶学者、1920-1958）……78
ロザリン・ヤロー（医学物理学者、1921-2011）……80
エスター・レダーバーグ（微生物学者、1922-2006）……82
◆統計で見るSTEM……84
ヴェラ・ルービン（天文学者、1928-2016）……86
アニー・イーズリー（コンピュータプログラマー・数学者・ロケット科学者、1933-2011）……88
ジェーン・グドール（霊長類学者・動物行動学者・人類学者、1934-）……90
シルヴィア・アール（海洋生物学者・探検家・潜水技術者、1935-）……92
ワレンチナ・テレシコワ（エンジニア・宇宙飛行士、1937-）……94
パトリシア・バス（眼科医・発明家、1942-）……96
クリスティアーネ・ニュスライン＝フォルハルト（生物学者、1942-）……98
カティア・クラフト（地質学者・火山学者、1942-1991）……100
ジョスリン・ベル・バーネル（天体物理学者、1943-）……102
呉秀蘭／ウー・サウラン（素粒子物理学者、194?-）……104
エリザベス・ブラックバーン（分子生物学者、1948-）……106
メイ・ジェミソン（宇宙飛行士・教育者・医師、1956-）……108
マイブリット・モーセル（心理学者・神経科学者、1963-）……110
マリアム・ミルザハニ（数学者、1977-2017）……112
まだまだいる女性科学者たち……114
おわりに……117
用語集……118
参考資料……122
感謝のことば／著者について……124
索引……126

はじめに　INTRODUCTION

ズボンをはいた女は厄介だ。そんなふうに言われていたのは1930年代の話です。細胞遺伝学者のバーバラ・マクリントックはスカートでなくズボンでミズーリ大学にあらわれ、けしからんと思われていました。彼女は元気いっぱいで、率直で、ものすごく賢く、男性の同僚たちのほとんどよりずっと頭が切れました。熱心に研究に打ちこみ、学生たちと門限を気にせず夜遅くまで実験を続けることもしばしばでした。あなたはこれを聞いて、彼女には科学者としての良い資質があると思うでしょう。しかし当時は、彼女の知性、自信、決まった規則を破る強い意志、そしてもちろんズボンも、すべて周囲の人々に恐ろしがられていたのです！

教授陣はバーバラを会議から締め出し、彼女の研究を支援しませんでした。彼らには彼女を昇進させるつもりがまったくなく、もし結婚したら仕事を辞めさせようとしていると知ったとき、バーバラはそれまでの実績を台無しにする覚悟で大学を離れました。先の見こみもなく、自分の価値を低く見積もらせはしないという強い意志だけを胸に、彼女は夢の仕事を探しに旅立ちました。この決断によってバーバラは一日中楽しく研究ができる職場を見つけ、そのうちジャンプする遺伝子を発見したのです。この研究で彼女はノーベル賞を受賞し、遺伝子についての理解を永久に変えました。

バーバラ・マクリントックの物語はそれほど珍しいものではありません。人類が自分たちの世界を知りたいと願いはじめてからというもの、男も女も疑問への答えを求めて星たちを見上げ、岩の下に目をやり、顕微鏡を覗きこんできました。男も女も同じように知識への渇望を抱いてきたにもかかわらず、その答えを探し求める機会は、女性には男性と同じようには与えられていませんでした。

その昔、女性が教育を受ける機会が制限されるのは決して珍しいことではありませんでした。女だという理由で科学論文を発表するのが許されないこともよくありました。女たちは夫に養われる良い妻そして良い母になることしか期待されていなかったのです。多くの人々は、女性は男性ほど賢くないと思っていました。この本の女性たちは自分のやりたい仕事をするためにこうした固定観念と闘わなければならなかったのです。彼女たちは規則を破り、偽名で論文を発表し、すすんで独学して研究を続けました。周りの人々にその能力を疑われていた彼女たちには、自分自身を信じる必要があったのです。

女性たちがようやく高等教育を受けられるようになっても、そこにはたいてい落とし穴がありました。彼女たちはしばしば仕事をする場所も研究資金も与えられず、何より存在を認められませんでした。性別を理由に大学の建物内に入ることを禁止されたリーゼ・マイトナーは、じめじめした地下室で放射化学実験を行いました。物理学者兼化学者のマリー・キュリーは、資金援助がなく研究室を使えなかったため、ほこりまみれの小さな物置小屋で危険な放射性物質を取り扱っていました。セシリア・ペイン=ガポーシュキンは天文学の歴史において最大級の発見をしてからも、その業績をほとんど認められず、性別を理由に何十年にもわたって助手としてしか働けませんでした。創造性、ねばり強さ、そして発見を愛する心こそ、これらの女性たちが持っていた偉大な道具でした。

マリー・キュリーはいまや有名ですが、科学、技術、工学、数学の分野(STEM)には、ほかにも大勢の偉大で重要な女性たちがいました。その多くは優れた仕事をしていても当時は認められず、忘れられてしまいました。物理学について考えるとき、アルベルト・アインシュタインだけでなく、天才数学者兼物理学者エミー・ネーターの名前も挙げられるようになるべきです。DNAの二重らせん構造を発見したのはジェームス・ワトソンとフランシス・クリックでなくロザリンド・フランクリンだとみんなが知るべきです。コンピュータ技術の進歩を讃えるとき、私たちはスティーヴ・ジョブズやビル・ゲイツだけでなく、現代的なプログラミングを開発したグレース・ホッパーのことも思い起こすべきなのです。

これまでの歴史を通じて、たくさんの女性たちが科学の名のもとにすべてを捧げてきました。この本は、そうした科学者たちのうちごく一部の物語を伝えています。古代から現代まで、周りに「だめ」と言われても、「できるものなら止めてみなさい」とばかりに諦めなかった人々です。

「その論理的かつ明瞭な語り、思慮深く公共心ゆたかな行動……彼女はこの都市で相応の歓迎を受け、特別な尊敬を集めた」――『スーダ辞典』より

古代の伝説的女性数学者

ヒュパティア

天文学者、数学者、哲学者

これまでの歴史を通じて、たくさんの女性の教師や学者が活躍してきましたが、ヒュパティアは記録に残っているうちで最も古い時代の女性数学者と言われています。▼歴史研究によれば、ヒュパティアはエジプトのアレクサンドリアで350年から370年のあいだに生まれました。彼女の父親テオンは当時よく名の知られた学者で、ギリシャの伝統と価値観を重んじる暮らしをして、娘にもしっかり教養を身につけさせました。▼

アレクサンドリアという都市は立派な図書館で有名な学びの場とみなされていましたが、同時にユダヤ教徒とキリスト教徒とその他の多神教の人々のあいだに緊張が張りつめる街でもありました。▼

ヒュパティアは父親から数学と天文学を学び、両方の分野の達人になりました。まもなく彼女は数学の能力で父親を凌駕するようになり、彼の仕事に重要な助言を与えたのに加えて、自分でも幾何学や整数論の発展に貢献しました。▼ヒュパティアは科学に加えてプラトン哲学の識者でもありました。彼女はアレクサンドリア最古の女性教師と言われています。彼女が語るのを聞こうとわざわざ遠くから旅してくる人々もいたのです！彼女は新プラトン主義哲学を教え、男性の生徒たちは彼女に尊敬と忠誠を捧げました。しかしそれもまもなく終わりを迎えることになります。▼彼女は“多神教的”な教育を行っているとして目をつけられるようになりました。この地域で静かに高まっていた宗教的緊張は、ついに現実の暴力を勃発させました。彼女は415年前後に、敵対するキリスト教過激派の暴徒に殺されてしまったのです。▼彼女の死は悲劇です。しかし彼女の生涯は、無知に抵抗する教育のシンボルとなりました。私たちは現在、ヒュパティアを知性の光の源となった存在として記憶しています。

最後のメンバーのひとり
新しい比重計を発明した
彼女はラファエロの
有名な絵画
「アテネの学堂」に
描かれている
スーダ辞典と呼ばれる古代の
百科事典に記されている

最優秀
「エジプトの賢い女性」の
別名で知られていた
アレクサンドリア図書館は戦争と
革命を生きのびた
この図書館が破壊されたのは
紀元391年、ローマ帝国が多神
教徒たちを締め出したときだった
父親といっしょに
太陽系についての理論を
考案した
プラトンとアリストテレスに
ついて語り教えた

「芸術と自然は、それぞれがお互いに打ち勝つまで常に格闘しているべきであり、そうやって訪れる勝利こそが描線なのです」——マリア・ジビーラ・メーリアン

愛する虫を描き続けた

マリア・ジビーラ・メーリアン

科学イラストレーター、昆虫学者

マリアの虫好きは、母親が妊娠中に昆虫標本の収集室を訪れたからだと思われていた
かつて人々は、昆虫はまるで魔法のようにゴミから自然にわいてくるものと考えていた
500
マリアの肖像はドイツのお札と切手になっている
かつて人々は昆虫を「悪魔の獣」と呼んでいた
かつてドイツではまゆは「ヤシの種」を意味する語で呼ばれていた
他の人々が陳列ケースの中の死んだ虫しか観察していなかった一方で、マリアは生きている虫を観察し描いた
彼女は熱帯雨林で毒を持つ虫たちも扱っていた

1647年にドイツで生まれたマリア・ジビーラ・メーリアンは科学と芸術を組みあわせ、優れた科学イラストレーターとなりました。▼1600年代のヨーロッパでは、ほとんどの人々は虫をただ単にイヤなもので研究に値しないとみなしていました。しかしマリアはそうした見方に大反対で、若い頃から昆虫を採集し生態を観察していました。彼女は義理の父親に絵の具の使いかたを習い、お気に入りの虫たちの姿を描きました。▼マリアはとりわけ蝶に強い関心を寄せていました。当時はイモムシと蝶の関係をまだ誰も本当には理解していませんでした。1679年、彼女は科学的な説明と図をつめこんだ、蝶や蛾の変態についての本を出版しました。▼それからマリアの人生は劇的に変わりました。彼女は夫のもとを去り、自分の母親とふたりの娘を連れてオランダへ渡りました。彼女たちは南アメリカのオランダ植民地（現スリナム共和国）とつながりのある厳格な宗教団体に加わりました。この宗教団体は解散しましたが、彼女はその後もスリナムへ関心を寄せ続けました。▼マリアは52歳にして、勇敢にも南アメリカの熱帯雨林へと赴きました。彼女は雨と暑さの中ではじめて目にする虫たちを記録しました。不運なことにマラリアにかかってしまい、旅は予定よりはやく終了しましたが、それでも彼女はすでに偉大な本を仕上げるのに十分な数のイラストを描いていました。『スリナム昆虫変態図譜』は1705年に出版され、ヨーロッパ中で大評判になりました！▼マリアの仕事は後世の科学者たちが昆虫を分類し理解するのに役立ちました。そして彼女の美しく詳細なイラストは今日も人々を教育し、また驚かせています。

「信じよ／女性は男性と同等と／汝は説得されぬのか／娘たちもまた英雄的になれると」——王貞儀の詩より

数と天体を愛した詩人

王貞儀（ワン・チェンイ）

天文学者、詩人、数学者

祖父の立派な書斎が大好きだった

王貞儀は中国史上最高の知性とされている学者のひとりです。彼女は1768年、清の時代に生まれました。当時の中国は厳しい格差社会でした。教育を受けることができるのはお金持ちだけで、女性たちには勉強に「気を取られる」ことなく料理や裁縫に励むことが期待されていました。▼王貞儀が学者の家に生まれ、家族も教育熱心だったのは幸運でした。彼女はよく旅をして、貧しい人々が重い税金に苦しんでいる様を目にしました。貧困の厳しさについて知ったことから、彼女は不正を批判する詩を書こうと思い立ちました。▼王貞儀の時代、日食や月食は神秘的で美しいと受け取られていましたが、あまりよく理解されていませんでした。しかし彼女は食が起こる仕組みを考え、机のまわりに球体と鏡とランプをロープで結びつけて科学模型を作りました。彼女はこれを使って、日食や月食のときに、私たちから見える太陽を月がどういうふうに阻むのか——あるいは太陽からの光が月に届くのを地球がどういうふうに阻むのか——についての彼女の理論を証明しました。▼さらに王貞儀は中国の暦を科学的な視点から研究し、望遠鏡を使って星々を観測し、太陽系の自転周期について詳しく説明しました。▼彼女は情熱的な数学者でもありました。複雑な数学理論を理解し、24歳のときに『術算簡存（計算の原則）』と題した全5巻の初心者向け教本の出版をはじめました。これは王貞儀が亡くなってから6年後に完結し、有名な学者である銭儀吉の序文が添えられて、たくさんの人々に読まれました。▼王貞儀は29歳の若さでその生涯を閉じましたが、清朝の最も偉大な知性のひとりとして記憶されています。彼女は数学と天文学、そして詩の本を何冊も世に出し、その仕事は後世のたくさんの科学者、数学者、作家たちに影響を与えています。

地球が丸いことを理解し、それをひとつのボールに見立てて説明した
西洋と東洋の暦から学んだ
弓と乗馬の達人だった

日食や月食を「春分・秋分の進行についての議論」という論文で説明した
星の位置と数の新しいデータをとった
重力について独自に議論を深めた
ピタゴラスの定理その他の三角法研究についての解説を書いた
c
a
b
a²+b²=c²

彼女(かのじょ)の研究は有史以前の生命についての私(わたし)たちの理解を一変させた

魚竜(ぎょりゅう)と首長竜(くびながりゅう)の骨格(こっかく)化石をはじめて発見した

彼女の仕事は古生物たちが絶滅(ぜつめつ)したことを証明する鍵(かぎ)となった

「世界の歴史上で最も偉大(いだい)な古生物学者」——『英国科学史ジャーナル』より

数々の貴重な化石を発見

メアリー・アニング

化石コレクター、古生物学者

FOSSILS
メアリーの犬"トレイ"は彼女の化石発掘に同行し、地滑りで命を落とした
彼女が天才的なのは子ども時代に雷に打たれたからという言い伝えがある
「彼女は海の貝を売る」(SHE SELLS SEA SHELLS)という早口ことばはメアリーのことだという噂がある
化石を貴族の紳士たちに販売
当時の人々は化石を「悪魔の足の爪」とか「蛇石」とか呼んでいた
彼女の人生は現代のフィクション作品の多くに影響を与えている

メアリー・アニングは1799年、イングランドの小さな海辺の村ライム・レジスで生まれました。家族はとても貧しく、彼女は父親が生活のために化石を集めてお金持ちの観光客に売るのを手伝いました。それは危険な仕事でした。崖は急だし、ときには海の激流で崖崩れを起こします。11歳で父親を亡くしたメアリーは、この化石ビジネスを引き継ぎました。▼当時はまだ恐竜の存在が人々に広く知られていませんでした。メアリーは12歳のときに、それまで誰も見つけたことのなかった魚竜の全身骨格を発掘しました。続けて、種として知られていなかった首長竜の骨格をふたつ発掘しました。これらの化石は人々が慣れ親しんでいたどんな動物にも似ておらず、古生物が絶滅した可能性をはっきり示したのです！▼彼女はドイツ以外の土地ではじめて翼竜の骨格を発見したほか、さまざまな古代魚の化石を見つけました。彼女の発見はベゾアールと呼ばれるミステリアスな石が実のところ化石化された糞であると結論づけるのに役立ちました。恐竜の糞の研究は古代の生きものたちの暮らしを知るうえで重要です。学者たちはメアリーの発見やアイデアに敬意を払いましたが、彼女は女性だという理由で本や論文を出版することが許されませんでした。不公平ですが、ヴィクトリア朝のイングランドにおいては、労働者階級の女性である彼女が教育を受けた紳士たちに混ざっていっしょに仕事ができただけでも驚くべきことだったのです。▼メアリーの発見のおかげで、世界は化石に単なる不思議なものという以上の価値があることを理解し、恐竜の時代について知ることになったのです。

「想像力とは卓越した発見の力です。それは私たちの周りにある未知なる世界、科学の世界に入りこむものなのです」――エイダ・ラヴレス

世界初のコンピュータ・プログラマー

エイダ・ラヴレス

数学者、作家

彼女は自分のことを詩的な科学者だと説明している

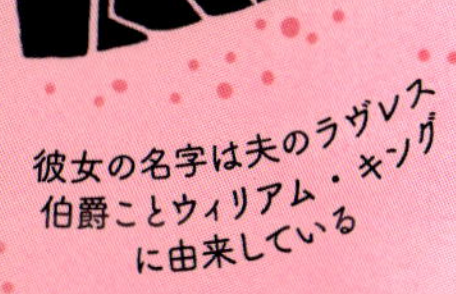

彼女の名字は夫のラヴレス伯爵ことウィリアム・キングに由来している

10月の第2火曜日がエイダ・ラヴレスの日としてお祝いされている

彼女はたくさんの小説や漫画のキャラクターに影響を与えている

エイダ・ラヴレスは「階差機関」をひと目見るなり心を奪われました。この歯車がいっぱいの巨大な計算機を発明したのは、コンピュータ科学の先駆者チャールズ・バベッジでした。1833年、17歳のエイダはバベッジに会いに行き、自分を弟子にしてくれと全力で彼を説得しました。▼エイダは幼い頃から数学が大好きでした。彼女の母親アン・イザベラ・ミルバンクは「平行四辺形のプリンセス」とあだ名された数学者で、娘がきちんと育つよう力を尽くしていました。エイダの父親は有名な詩人バイロン卿です。彼は破天荒な性格で偉大な詩人になりましたが、それゆえに夫としてはだめな人でもあったので、エイダの母は娘が生まれてまもなく彼のもとを去りました。彼女はエイダにきわめて厳格な数学教育を授けました。▼エイダはスイスの学会誌に載っていたバベッジの最新のアイデア「解析機関」についての記事を読み、それを英語に翻訳しました。それだけではありません。彼女はそこに自分なりの註釈を付け加え、2倍の長さにしたのです！ これがバベッジの目にとまり、ふたりの共同研究がはじまりました。▼エイダはコンピュータが計算以上のことをする世界を想像しました――コンピュータが音楽を生み出し、人間の思考を拡張したものとなる世界です。また彼女は、パンチカードを利用して解析機関をプログラミングし、ベルヌーイ数と呼ばれる有理数の段階的な数列を求める方法を開発しました。これは史上初のコンピュータ・プログラムとされています！▼本当に未来を見通していたエイダは、今日もなお人々を鼓舞し続けています。彼女の存在は、女性もテクノロジーや計算科学の分野で偉大な仕事を成しとげることができるという証拠として、現在も人々に行動を促しているのです。

米国防総省はあるコンピュータ言語に「エイダ」という名前をつけた

チャールズ・バベッジに宛てた手紙に「レディ・フェアリー」と署名した

彼女のプログラムは機織り機に利用されていたパンチカードからヒントを得ている

「もし現在の社会制度が女性の自由な成長を認めていないのなら、社会が変わるべきです」

——エリザベス・ブラックウェル

女性医師の未来を切りひらいた

エリザベス・ブラックウェル

医師

医大への入学が認められたのは、男子学生たちが冗談で賛成に投票した結果。認められなくても登校するつもりだったけれど

ロンドン女性医学校では教授になった

女性の権利、特に女性が医師になる機会の平等を提唱した

思春期、子育て、家族計画についてたくさんの本や論文を書いた

エリザベス・ブラックウェルは、女友達が子宮がんとみられる病気で命を失ったのをきっかけに、アメリカ合衆国初の女性医師を目指そうと決心しました。その友達は、もし女性の医者に診てもらっていたら自分が感じた痛みや苦しみはもっと少なくて済んだかもしれない、と彼女に言ったのです。▼エリザベスは1821年、正義と平等を尊重する奴隷廃止論者の家庭に生まれました。教師として働きつつ、医師の友人たちから助言を受け、図書館にある本で独学しました。無理だと思われていたにもかかわらず、彼女はジェニーヴァ医大に入学を許可されました。▼大学でエリザベスはしばしば敵意にさらされ、男子学生たちとは別の席に座らされたり、授業から締め出されそうになったりしました。夏のあいだ彼女はフィラデルフィアの病院で働き、病院の状態がいかに伝染病の蔓延に影響を与えているかを目撃しました。彼女はこの経験をもとに、良い衛生状態がチフスなどの病気の流行を防ぐ可能性があるという論文を書きました。1849年、彼女はクラスでいちばんの成績で卒業しました。▼エリザベスの妹のエミリーも医師になりました。姉妹は1857年、マリー・ツァケルツェウスカ博士といっしょに恵まれない女性と子どもたちのためのニューヨーク診療所を開きました。この診療所は貧しい人々が治療を受け、女性の医学生や看護師たちが学ぶ場所となりました。▼19世紀には伝染病についての知識はまだ広まっていませんでした。エリザベスは予防の重要性に気づいて、病院と家庭の衛生基準を高めるよう講義で呼びかけました。エリザベスは1868年にニューヨーク女性医科大学を、1874年にロンドン女性医学校を設立しました。彼女はたくさんの女性たちのやる気を刺激し、実際に医師になるための道を切りひらいたのです。

医学校のあとパリとロンドンの産科病棟で訓練を受けた

1849年、淋病にかかった赤ちゃんの目を治療しているときにエリザベス自身も感染してしまい、片目の視力を失った

南北戦争中は妹と共に北軍の看護師たちの訓練に力を貸した

ロンドンで全英保健協会を立ち上げた

「実際は女性の功績なのにそれを男性によるものとみなしてしまう誤りは、猫よりもしぶとく生き続けている」

——ハータ・エアトン

静かで安全なあかりを発明

ハータ・エアトン

エンジニア、数学者、発明家

1854年、フィービー・サラ・マークスはイングランドに生まれました。元気いっぱいの彼女に、まわりの友達はドイツの大地の女神にちなんだ「ハータ」というあだ名をつけ、本人もこれを気に入りました。▼ハータは16歳から家庭教師として働き、生家にお金を送っていました。幸運にもハータは、女性参政権運動のリーダーだったボディション夫人と出会って教育のための資金援助を受けることができました。彼女は工科学校に進学し、のちに彼女の夫そして発明品の共同開発者となるウィリアム・エアトン教授と出会いました。▼1890年代、街灯や劇場の照明にはちかちか揺らめいて雑音をたてる危険な電弧（弧状の電光）が使用されていました。ウィリアムとハータは照明をもっと静かにさせたいと願っていました。彼女はウィリアムが不在のあいだに清潔で静かな明るい光を発する新しい棒を発明しました。彼女が電弧についてのデモンストレーションを行うと、人々は女性がいかにも危険そうな装置を巧みに扱っていることにびっくりしました！▼彼女は電気技師協会初の女性会員になりました。しかし、英国学士院では女性が発言することは許されていませんでした。1902年に出版されたハータの本『電弧』が大評判となったとき、男たちもついに彼女を認めて、1906年に名誉あるヒューズ・メダルを授与しました。▼ハータは政治に関しても大胆不敵でした。彼女は女性参政権運動の支持者として積極的に発言し、ハンガーストライキをする女性活動家たちを支援しました。ハータは1911年のイングランド国勢調査ボイコット運動に参加し、調査票に女性の参政権を要求する情熱的な手紙をしたためました。▼ハータの天才のおかげで、世界中の女性たちが“危険な”機械を手にしてすごい発明をするための道が整えられたのです。

26の特許を登録

ガール

パワー

マリー・キュリーと友情を育んだ

風の動きと水の渦を研究した

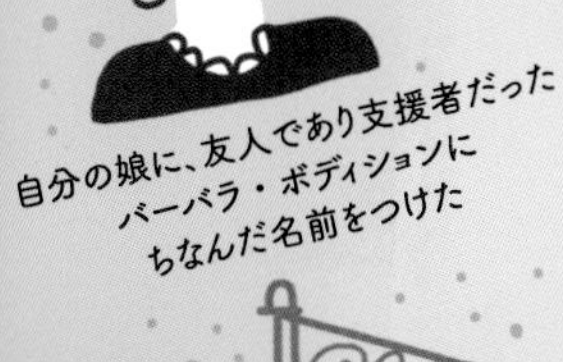

自分の娘に、友人であり支援者だったバーバラ・ボディションにちなんだ名前をつけた

英国学士院のフェロー候補者になった最初の女性

（しかし彼らは1940年代まで公式には女性を受け入れなかった）

第一次世界大戦中にマスタードガスを吹き飛ばすエアトン送風機を発明した

建築家のための製図用コンパスを発明した

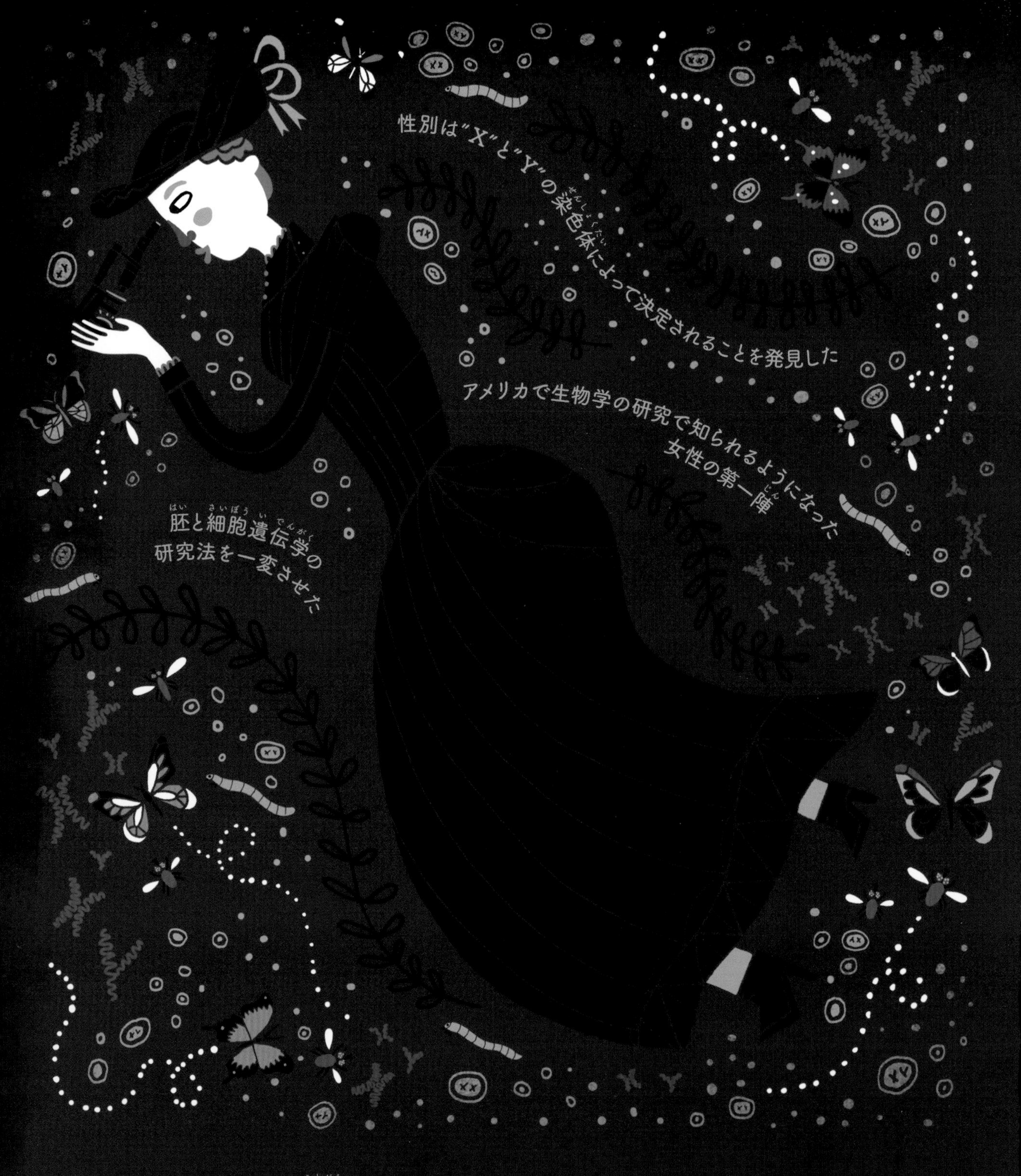

「ミス・スティーヴンズは重要な事柄の発見に一役買いました。彼女の業績は決して忘れられることはないでしょう」――トーマス・ハント・モーガン

性染色体による性決定の仕組みを発見

ネッティー・スティーヴンズ

遺伝学者

ネッティー・スティーヴンズは1861年、ヴァーモント州に生まれました。彼女は教育を受けるために切りつめた生活を送り、学費の足しにするために教師として働いていました。彼女はカリフォルニアに新設されたばかりのスタンフォード大学で修士号を取得したあと東海岸に戻り、ブリンマー大学で博士号を授与されました。このとき41歳でした。▼当時の生物学の世界で注目の的となっていたのは、赤ちゃんを女の子か男の子か決めるものはいったい何なのか？ という問題でした。この頃、性決定の仕組みはまだ謎に包まれていたのです。何世紀にもわたって、子どもの性別は女性が妊娠中に食べるものによって決まるとか、どれだけ体をあたためるかによって決まるといった説が信じられていました。▼ネッティーは虫の解剖から研究に着手しました。彼女は蝶やミールワームから生殖器官を切除し、顕微鏡で細胞を観察しました。オスの昆虫はXYの染色体を、メスの昆虫はXXの染色体を持っていました。彼女は完璧な技術でさまざまな虫を扱い、観察をもとに立てた仮説に裏づけを与えました。1905年、彼女はその画期的な研究結果を2部構成の本で発表し、何百年にもわたって広まっていた誤解をひっくり返しました。▼同じ頃、ネッティーの元指導教官だったエドマンド・ウィルソンも独自にXY染色体を発見しましたが、ネッティーの研究のほうが説得力のある証拠が揃っていました。彼女は科学的な確信をもって自分の発見について記していましたが、世間はまだ懐疑的でした。不運なことに、1912年に早すぎる死を迎えた彼女は、一般には忘れられた存在になっていました。▼私たちは現在、ネッティーと彼女の驚くべき研究のことを知っています。彼女のおかげで性決定と遺伝学についての理解が深まったのです。

彼女は自分の研究にハエとカブトムシも使った

彼女の父親は大工だった

彼女の歴史的論文は『精子形成研究』という

細胞学を学ぶためにイタリアとドイツを訪れた

昔の人々は、赤ちゃんが男の子になるよう夏に妊娠しようとしていた（効果はなかった）

ノーベル賞受賞者トーマス・モーガンの研究はネッティーの調査のおかげで実現した

「今日の優れた地質学研究の一部が女性によってなされており、それが男性の研究にまったく引けを取っておらず、また私の教え子たちの仕事であるという事実には、少なからぬ誇りを持っております」——フローレンス・バスカム

岩石や地層の成り立ちを分析

フローレンス・バスカム

地質学者、教育者

米国地質学会初の
女性会員
ROCKS!
アメリカの地質学雑誌の
編集委員
集めた化石と岩石を
置いておく収納場所で仕事をした
1906年に刊行された
『アメリカの科学者たち』
初版で4つ星を獲得

フィラデルフィアの
水資源について調査した

フローレンス・バスカムは1862年、マサチューセッツ州に生まれました。彼女は父親とその地質学者の友人に車で連れて行かれた旅をきっかけに、岩石に興味を持ちはじめました。▼ジョンズ・ホプキンス大学で博士号を取った女性はフローレンスがはじめてです。彼女は男性のクラスメイトたちの「気を散らせる」ことがないようにという理由で、仕切り幕のうしろで授業を受けねばなりませんでした。そんな不公平な扱いをされていたにもかかわらず、彼女は学ぶことが大好きで、1893年にアメリカ史上2番目の地質学の女性博士号取得者となりました。▼フローレンスは化学組成と鉱物含有量にもとづいた岩石の分類の権威になりました。彼女は誰もが堆積によってできたものだと思っていた岩石の層が、実のところ溶岩の流れによるものだと証明してみせました。▼フローレンスは1895年にブリンマー大学で研究をはじめました。そこで地質学の教育課程を立ち上げ、全国で最も優れた内容だと評価されるようになりました。彼女は1928年にこの女子大を退職するまでに、当時のアメリカの女性地質学者ほとんど全員を教えています。彼女は厳しい教師として働きながら、同時にアメリカ地質調査所のために重要なフィールドワークも行いました。彼女は地形学の集中調査に着手しました。何千年、何億年ものあいだに地球の地形がどのように変わってきたかの研究です。フローレンスは中部大西洋岸ピードモント台地と呼ばれるアパラチア山麓の丘陵地帯を調査しました。彼女はニュージャージー州とペンシルベニア州の重要な地形図を作成し、それは現在でも使用されています。▼フローレンス・バスカムは地質学の世界で大活躍しました！ 彼女の発見と地図はいまでもこの分野に影響を与え続けています。

40本以上の
科学論文を発表

山岳がどのように
かたちづくられたのかについて
現代的な理解を広めた

「私は前進の道のりはすばやく進めはしないし楽でもないと教えられてきました」　――マリー・キュリー

女性初のノーベル賞受賞者

マリー・キュリー

物理学者、化学者

フランスで博士号を取得した最初の女性

ポロニウムはポーランドにちなんで名づけられた

ラジウムは太陽にちなんで名づけられた

ふたりの娘の母親

家柄でなく彼女自身の功績を讃えてパリのパンテオンに埋葬されたはじめての女性

マリー・キュリーは1867年、ポーランドのワルシャワに生まれました。姉の学費を援助するために家庭教師として何年か働いたあと、マリーの番がやってきました。ソルボンヌ大学で勉強するためにパリへ行き、同じ科学者でありのちに彼女の最愛の人となるピエール・キュリーと出会いました。▼科学者アンリ・ベクレルはすでにウラン塩から放たれる不思議な光を発見していました。マリーはこれに魅せられ、風通しの悪い粗末な小屋で研究を進めました。彼女はピエールの電位計を使って「発光する」化合物を分析し、ウラン原子そのものからエネルギーが生み出されていることを発見したのです！　マリーはこの現象を「放射能」と名づけ、その出所を特定するため、さまざまな放射性物質を含む鉱物を細かくすりつぶし、濾過して精製しました。この実験を通して新しい放射性元素がふたつ発見されました。ポロニウムとラジウムです。キュリー夫妻は1903年にノーベル物理学賞を受賞しました。のちの1911年、マリーはふたつめのノーベル賞を化学部門で受賞しました。▼悲しいことに、ふたりの健康はいつのまにか実験で浴びた放射線のせいで損なわれていました――現在の私たちは放射線被ばくが死の危険を伴うものだと知っています。1906年、ピエールが不慮の事故で亡くなった後もマリーは研究を続け、がんの治療にラジウムが利用できることを発見しました。彼女は自分自身の健康を危険にさらすことになるにもかかわらず、ラドンガスを採集して病院へと送りました。▼1914年、フランスは第一次世界大戦で侵攻されました。彼女はレントゲン設備を搭載した車を用意し、娘のイレーヌと共に傷ついた兵士たちを助けるため英雄的に戦場へと駆けつけました。▼マリー・キュリーは自分がそれを好きだからという理由で科学の仕事を選び、世界がそれを必要としているからという理由で危険な仕事に携わりました。彼女の人生と仕事は今日も科学者たちを励まし続けています。

別々の学問ふたつでノーベル賞を受賞した唯一の科学者
「放射能」という言葉を考案
彼女の研究はすべて鉛で覆われたケースにしまわれている これらの物質は現在も放射線を発している
光るラジウムを入れたガラス容器を自分のポケットに入れていた これは危険行為だ
ソルボンヌ大学でピエールの席を引き継ぎ、同校初の女性教授となった

世界最高の草本学者（草の専門家）

女性参政権の獲得のために闘った
サフラジスト（女性参政権活動家）

世界中の何千もの草を分類した

「草は人類が洞窟暮らしを捨て動物の群れを追って生きることを可能にしました」

——メアリー・アグネス・チェイス

参政権をも勝ち取った植物学者

メアリー・アグネス・チェイス

植物学者、
女性参政権活動家

家畜飼育場、食料雑貨店、倉庫などでアルバイトをしていた

『はじめての草の本：初心者のための草の構造』をひとりで書き、イラストも担当した

メアリー・アグネス・チェイスは胸に闘志を燃やす小柄な女性でした。彼女は1869年に生まれ、シカゴで育ちました。小学校を卒業すると家族の生活を助けるために働きはじめましたが、自由時間に植物学の勉強を楽しんでいました。彼女は旅に出かけては植物をスケッチし、わずかな貯金をはたいてシカゴ大学とルイス研究所で植物学の講座を受講しました。植物学者で牧師のエルズワース・ジェローム・ヒルはメアリーに助言を与え、彼女はお返しに彼の論文のために植物の絵を描きました。▼彼女はフィールド自然史博物館で仕事につき、顕微鏡の使いかたを習得しました。1903年にはアメリカ合衆国農務省（USDA）のイラストレーターになりました。▼USDAでメアリーは植物学者アルバート・ヒッチコックと共に北米および南米の草を集め分類する任務に取り組みました。1935年、彼女は草の分類を担当する上級植物研究職員になりました。男性の同僚たちとは待遇に差があり、調査旅行の予算が下りないこともしばしばでしたが、それでも彼女はあちこちを旅し、何千種類もの新種の草を発見しました。▼メアリーは草を「土を支える植物」と呼び、家畜に与えるにはどの草がいちばん適しているのか見当をつけることができました。彼女は企業が品種改良した芝生が宣伝で言われている通りの質かどうかを調べました。今日、食糧とされている草の多くは、メアリーの重要な研究によって知られるようになったものです。▼メアリーは女性参政権活動家でもあり、USDAにクビにすると脅されてもなお運動をやめませんでした。彼女は勇敢にも1918年のハンガーストライキに参加し、投獄されて強制摂食の拷問を受けました。彼女の身をていした抗議は1920年にアメリカ合衆国で女性参政権が認められる助けとなりました。▼メアリーはUSDAで働き続け、1939年に引退しました。彼女は1963年に亡くなるまでスミソニアン協会の名誉研究員を務めました。

イリノイ大学の名誉学位を授けられた

全米黒人地位向上協会（NAACP）の熱心な会員だった

スミソニアン協会の名誉会員かつロンドンのリンネ協会の会員だった

ワシントンDCの家はカーサ・コンテンタと呼ばれ、ラテンアメリカの女性植物学者たちがアメリカ合衆国で学ぶ際に滞在するようになった

世界中から1万を越える種類の草の標本を採集した

歴史年表 TIMELINE

歴史上、科学の道を追求する女性たちの前にはたくさんの障害が立ちはだかってきました。高等教育を受ける機会が不足していることや、適正な賃金が支払われていないことは、そうした数々の障壁のうちのごく一部でしかありません。さあ、これまでの歴史において、教育と科学の分野で女性によって成しとげられた記念碑的な偉業の数々を讃えましょう。

1780s

天文学者のカロライン・ハーシェルが女性ではじめてイギリスの王立天文学会の名誉会員に。

1833

オーバリン大学がアメリカ合衆国の大学ではじめて女性の入学を認めた。

1903

マリー・キュリーが史上初の女性ノーベル賞受賞者となった。

1947

マリー・デイリーがアフリカ系アメリカ人女性としてはじめて化学の博士号を取得した。

1955-72

アメリカ合衆国とソビエト連邦のあいだの宇宙開発競争により、技術革新をおし進める気運が生まれ、女性と男性の両方に活躍のチャンスがめぐってきた。

1963

ソビエト連邦のワレンチナ・テレシコワが女性初の宇宙飛行を成功させた。

400 AD

アレクサンドリアのヒュパティアが女性数学者として記録に残されている。

1678

エレナ・ピスコピアが女性として世界ではじめて大学の学位を取得した。

1715

シビラ・マスターズがアメリカ合衆国の女性ではじめて自分の発明（トウモロコシを加工する技術）で特許を取った。

1920

憲法修正第19条によりアメリカ合衆国で女性参政権が認められた。

1941-45

第二次世界大戦は男性を戦場に送る一方、新たな女性労働力を生み出した。女性科学者たちは持てる才能を発揮する機会を新たに与えられた。

1946

世界初の電子式コンピュータを開発するENIACプロジェクトで、全員女性のチームがプログラミングを担当した。

1963

アメリカ合衆国で同一賃金法が可決され、男性も女性も同一労働同一賃金でなければならないと定められた。この法は女性が賃金格差を乗り越える助けとなった（そしてその闘いは現在も続いている）。

1964

さまざまなかたちの差別を違法であると定める公民権法が成立したことにより、学校や職場における人種分離が廃止され、有色人種の人々の人生の選択肢が広がった。

現在

いまだかつてない数の女性たちが、いまだ知られざるものを発明し、発見し、探究するために力を尽くして働いている。

「人生は楽でなくてもいいのです。もしそれが空っぽでないのならば」——リーゼ・マイトナー

核分裂を見出した亡命科学者

リーゼ・マイトナー

物理学者

彼女は"ドイツのマリー・キュリー"だ!

リーゼ・マイトナーは1878年、ウィーンのユダヤ人家庭に生まれ、しあわせに暮らしていました。▼彼女は博士号を取得したあと、1907年にベルリンの化学研究所で働きはじめました。リーゼは頭脳明晰でしたが、女だからという理由で賃金は支払われず、研究室どころかトイレを使うことも許可されませんでした。女性が大学に通うことが政府に正式に認められるまで、彼女はじめじめした地下室で放射化学の研究をすることになりました。▼1934年、リーゼと共同研究者のオットー・ハーンは中性子をウランにぶつけることで新しい元素を人工的に作り出そうとしていました。研究はナチスが権力を握ったのに伴い中断されました。ユダヤ人だった彼女はドイツから逃げなければなりませんでしたが、仕事を離れたくありませんでした。1938年、彼女は憂鬱な気持ちでスウェーデンへ逃れ、オットーはドイツで研究を続けました。▼ふたりは手紙で密かにお互いの研究について報告しあっていました。リーゼは、自分たちの実験は新しい元素を作り出していたのではなく、ひとつの原子の原子核が引き伸ばされ、ちぎれることでエネルギーを放出していたのだと気づきました。それからリーゼは核分裂、すなわち核エネルギーを出す核反応を発見しました。▼オットーは1944年にふたりの共同研究でノーベル賞を受賞しましたが、そこにリーゼの名前はありませんでした。リーゼは戦争が終わってもドイツに戻ることを拒否しました。この国がユダヤ人たちにしたことが許せなかったのです。▼彼女はノーベル賞を受賞しませんでしたが、核分裂について論文をいくつも書き、世界中で読まれ、ほかのたくさんの賞を受賞しました。彼女の聡明な精神は私たちに新たなかたちのエネルギーをもたらし、物理学を永久に変えたのです。

彼女はアルベルト・アインシュタインと親交を深めた

第一次世界大戦ではオーストリア軍の放射線技師・看護師として従軍した

核分裂実験から生じるエネルギーはTNT(トリニトロトルエン)の2000万倍と言われている

109 Mt

元素のマイトネリウムは彼女に敬意を表して命名された

核分裂をピザの生地をのばすことにたとえた

物理学者ニールス・ボーアの助けによってドイツから亡命

1946年の注目すべき女性としてトルーマン大統領の晩餐会に招かれた

「自分の時間を家庭内労働に奪われるのはもったいなさすぎると私たちは考えていました。私たちはそれぞれが総責任者だったのです」——リリアン・ギルブレス、ビジネスウーマンたちのグループに語る

主婦の苦労を科学的に解決

リリアン・ギルブレス

心理学者、産業技術者

リリアン・ギルブレスは1878年、9人の兄弟姉妹がいる大家族に生まれました。彼女はカリフォルニア大学バークレー校で文学の修士号を取りました。▼職場の能率性向上を目指すフランク・ギルブレスの情熱に興味を引かれた彼女は、専攻を心理学に変更し、論文「マネジメントの心理学」を書きました。これは組織心理学および職場における人間関係の影響に着目した初の研究でした。彼女はブラウン大学で博士号を取得しました。▼

リリアンとフランクは共同でコンサルティング業をはじめました。労働者の仕事をより楽に、より速くするために、レンガの積み上げや道具の運搬などの単純な作業を研究し、動作を分解して絶対に必要な基本動作を割り出しました。▼

リリアンは一部フランクとの共著も含め、動作と疲労について何冊もの本を書きましたが、名前が出されないこともしばしばでした。当時の出版社が男性の著者ひとりのほうが権威や信頼性がありそうに見えるだろうと判断したからです。▼フランクが1924年に亡くなると、リリアンはひとりで会社の経営を引き継ぎました。顧客の多くは自分たちの工場の経営について女性に意見されるのをいやがりました。そこでリリアンは主婦たちの問題に取り組むことにしました。その頃の女性にとって、まる一日かけて料理や掃除をするのはごくあたりまえのことでした。それは骨の折れる仕事でした。リリアンは人間工学と動作研究をもとに、家事労働の時間を短縮できる新しい道具とキッチンの構造を考案しました。大恐慌時代には失業対策のための大統領機関に力を貸しすらしました。▼まわりを見回してみれば、リリアンが考え出した何かが目に入ってくるはずです。それはデスクの人間工学的レイアウトかもしれないし、流し台とコンロのあいだの距離を決定する「ワーク・トライアングル」かもしれません。リリアン・ギルブレスのデザインは私たちの日々の暮らしに組みこまれてきたのです。

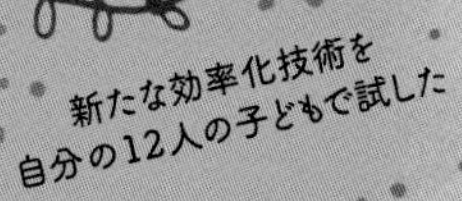

新たな効率化技術を自分の12人の子どもで試した

動作の基本要素を「サーブリッグ」と呼んだ（「ギルブレス」をさかさまにつづったもの）

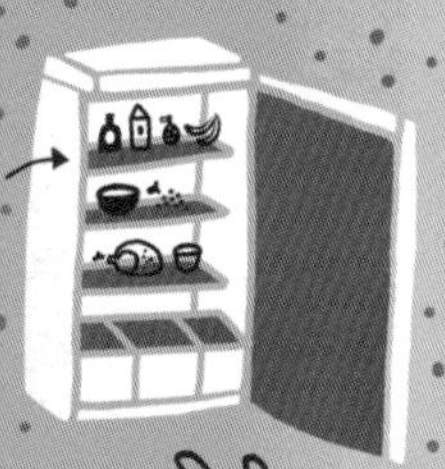

ゴミ箱のフットペダルと冷蔵庫の中の棚を発明

新しいキッチンシステムを試すのにいちごのショートケーキを作った

障害のある人々が仕事につくのを助けるために人間工学の知識を役立てた

いくつもの名誉学位を授与された

「マネジメントのファーストレディ」とあだ名されている

「私のメソッドは本当に動きと考えの方法なのです。だからこそ、それはどこにでもそうとは気づかれずに忍びこんでいるのです」――エミー・ネーター

報われぬ悲劇の数学者

エミー・ネーター

数学者、理論物理学者

彼女の生徒たちは「ネーター・ボーイズ」と呼ばれた

エミー・ネーターは1882年、ドイツに生まれました。彼女は数学者の家庭に育ち、父親や弟たちのように学びたいと願っていました。当時のドイツでは女性が高等教育を受けるのは違法だったので、彼女は大学の教室のうしろの席に座り、正式に単位は取れなくとも学ぼうと努力していました。2年にわたって講義を聴講し続けたのち、彼女はようやく学生として認められました。▼エアランゲン大学では、エミーは父親が担当していた講義内で非公式に教え、報酬も役職も与えられないまま働いていました。彼女は6本の論文と国外での発表によって物理学の世界で話題になりはじめました。1915年頃、ゲッティンゲン大学の科学者たちは、アルベルト・アインシュタインの一般相対性理論をさらに深めるべく、彼女を招きました。▼この大学で7年にわたって無給で働いたのち、エミーにはようやく教授として最低賃金の報酬が支払われるようになりました。彼女は群と環についての新しい概念を証明し、抽象代数学の分野を発展させました。彼女はエネルギーと時間、そして角運動量の関係についての新しい理論を打ち立てました。これらすべてによって、彼女は「ネーターの定理」を練り上げてゆきました。▼ナチスが権力を握ったことで、ユダヤ人だったエミーの人生は危険にさらされました。1933年、エミーはアメリカに亡命し、ブリンマー大学に教授として雇われました。不幸なことに、ここで良い給料と正式な役職のもとで教えはじめてからたった18ヶ月後に、彼女は病に冒され53歳で亡くなりました。▼エミーの死後、アインシュタインは彼女が決して忘れられることのないよう念を押しました。1935年、彼は『ニューヨーク・タイムズ』にこう書きました。「ネーター嬢は女性の高等教育がはじまって以来最高の、偉大な数学の天才だった」

彼女の父親マックス・ネーターも重要な数学者

食べなかったら数学もできないわ

人々は彼女の体重と容姿を笑いものにした

月のクレーターやいくつもの学校が彼女にちなんで名づけられている

彼女の遺灰はブリンマーに埋葬された

第二次世界大戦で迫害されたにもかかわらず平和主義者だった

「女性医師に絶対的な需要があるのと同じように女性エンジニアの需要があるわけではありません。しかし、いい仕事ができる人の需要は、常にあります」——イーディス・クラーク

雇用差別に実力で打ち勝った

イーディス・クラーク

電気エンジニア

イーディス・クラークは1883年、メリーランド州に生まれました。12歳になる前に両親を亡くした彼女は、遺産を大学の学費にあて、迷わず電気技士を目指しました。▼ヴァッサー大学で学士号を取得したあと、彼女はウィスコンシン大学マディソン校で学びました。それから勉強を一時中断し、AT&T社の計算手（人間コンピュータ）として働きはじめました。この頃、エンジニアや科学者たちは入り組んだ計算式を処理するのに人間の力に頼っていたのです。▼イーディスはマサチューセッツ工科大学（MIT）に入学し、1919年に女性としてはじめて電子工学科で修士号を取得しました。▼彼女はジェネラル・エレクトリック社（GE）で計算手として働きながら、新しいグラフ式計算器を発明しました。そして彼女が正社員ではなかったゆえに、GEは会社として権利を請求しそこねました。彼女は1921年に特許を申請し、1925年に正式に認められました。これで双曲線関数を含む方程式を簡単に解くことができるようになりました。▼GEはなかなかイーディスをエンジニアとして認めませんでした。彼女は計算器を発明した年にいったん離職し、トルコのコンスタンチノープル（現イスタンブール）で1年間教え、世界を旅しました。1922年に戻ってきたとき、GEはようやく彼女を初の女性電気技士として正式に雇ったのです。▼イーディスはさらに効率的な計算方法を考案し続け、大きく複雑な電力系統を管理しやすくし、送電線から最大の力を引き出す方法を見つけだしました。▼イーディスは1945年にGEを退職し、その後10年間テキサス大学で教えました。その業績は電気工学界で尊敬を集め、1948年、彼女はアメリカ電気技術者協会（AIEE）史上初の女性特別研究員になりました。イーディス・クラークは、女性にも間違いなく「男の仕事」ができると証明した先駆者なのです。

アメリカ電気技術者協会で論文を発表することが許可された最初の女性

読み書き障害・学習障害を抱えて育つ

22年間にわたって18本の技術論文を書いた

電気工学についての最重要文献『交流電源方式の回路分析』を書いた

1954年に女性エンジニア学会特別功労賞を受賞

電気工学の分野におけるアメリカ合衆国初の女性教授

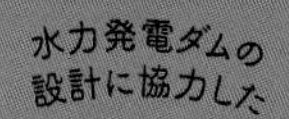

水力発電ダムの設計に協力した

全米発明家殿堂入り

「幸運なことに、精神分析は内面の葛藤を解決する唯一の手段というわけではありません。人生それ自体は現在もなお非常に効果的なセラピストです」——カレン・ホーナイ

フェミニスト心理学の祖

カレン・ホーナイ

精神分析医

彼女の指導者
カール・アブラハムは
フロイトの大親友だった

彼女はあの有名な
『現代の神経症的人格』
をはじめ、たくさんの
本を書いた

カレン・ホーナイは1885年、ドイツで生まれました。1900年代前半、心理学は心の働きを研究するまだ新しい社会科学のひとつで、ジークムント・フロイトこそが精神分析理論の父とされていました。フロイト派の理論は主に男性の心理を扱い、女性は自分が男性だったら良かったのにと願っているゆえに「ペニス羨望」に苦しむものと仮定していました。▼カレンは医学を勉強し、ベルリン大学で学位を取りました。心理学を学ぼうと思い立ったのは彼女自身も鬱病と闘っていたからです。彼女は1920年、ベルリン精神分析研究所で患者の診療をはじめました。彼女は臨床研究を通じてフロイト派の理論の枠組みにはあてはまらない行動を観察し、次第に自分がそれまで教えられてきたことすべてに反逆するようになっていきました。▼カレンは、女性たちが本当の力を持つことを社会が認めておらず、女性は夫や子どもを通して生きることを強いられているのだと論じました。そして女性は男性になりたがっているわけではなく、男性にはあたりまえの「自立すること」を求めているだけだという学説を立てました。彼女は、ひとりひとりが自分自身の価値をどう認識するかは社会によってかたちづくられると論じ、フェミニスト心理学という分野を作り出しました。▼カレンは1932年にアメリカに移住し、社会研究ニュースクールとニューヨーク精神分析研究所で研究を進めました。ここで彼女は神経症についての新しい理論を考案しました。フロイトの理論をはっきり否定したカレンは激しく反発され、1941年に研究所を離れることを余儀なくされました。それでも彼女はたくさんの本や論文を書き続け、精神分析の進歩のための会を設立しました。▼カレン・ホーナイは私たち自身と社会と不安についての新しい考えかたを生み出しました。彼女は現在もなお、心理学に最大級の影響を与えた精神分析医のひとりとみなされています。

『アメリカ精神分析
ジャーナル』を創刊

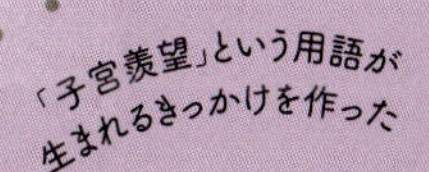

「子宮羨望」という用語が
生まれるきっかけを作った

アメリカ精神分析研究所を
設立し所長になった

ニューヨークの
ホーナイ診療所は
彼女にちなんで名づけられている

湿地帯の生態系について新たな見識を示した

環境保護活動家、
女性参政権論者、市民権の支持者

エヴァーグレーズ友の会を
立ち上げた

彼女の仕事はエヴァーグレーズ
国立公園設立の助けになった

「男と女についての話ではなくて、市民についての話をもっと聞きたいのです」

——マージョリー・ストーンマン・ダグラス

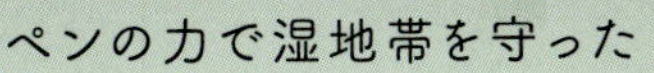

ペンの力で湿地帯を守った

マージョリー・ストーンマン・ダグラス

文筆家、環境保護活動家

1940年代後半、フロリダ州のエヴァーグレーズは、単なる役立たずの大きな沼地で排水工事が必要だと思われていました。この湿地帯が環境破壊から守られたのは、マージョリー・ストーンマン・ダグラスという元気いっぱいの女性のおかげです。▼マージョリーは1890年にミネアポリスに生まれ、ウェルズリー大学を卒業しました。ずっと物書きになりたいと願っていた彼女は、不幸な結婚が終わりを迎えたあと、父親の職場でもあった新聞『マイアミ・ヘラルド』で働きはじめました。彼女は1915年、社交欄の記者として仕事に乗り出しました。▼彼女の父親は政治について語り、エヴァーグレーズから水を抜こうとする州知事の計画を批判していました。そしてマージョリーは、市民権や女性参政権運動や環境保護について伝えはじめました。▼マージョリーはエヴァーグレーズがただの沼地ではなく、フロリダの生態系にとってなくてはならない川でもあることを発見しました。彼女は『エヴァーグレーズ——草の川』を1947年に出版し、これがきっかけでエヴァーグレーズ国立公園が設立されることになりました。▼そうして政府が保護をはじめましたが、マージョリーはこの土地を、米国陸軍工兵隊からも守らねばなりませんでした。彼らは生態系を破壊する農業用ダムおよび用水路を建設し、運用していたのに加え、新しい空港の建設計画には環境をだめにしてしまう危険がありました。1969年、彼女は「エヴァーグレーズ友の会」を立ち上げ、空港の建設を中止させたのです。▼マージョリーはゆうに1990年代まで自分の仕事を続けました。晩年には視力をほとんど失っていたにもかかわらず、彼女はエヴァーグレーズについて書き、闘い続けました。1993年には大統領自由勲章を授与されました。彼女は1998年、108歳で亡くなりました。

エヴァーグレーズにはワニやマナティ、たくさんの種類の鳥や魚が生息している

エヴァーグレーズの広く浅い水路は非常にゆっくり移動する。これはシートフロー(薄層流)と呼ばれる現象だ

マージョリーは理解していた

世界にエヴァーグレーズはここしかない

そこは唯一無二の繊細な生態系だと

つばの広い帽子と丸いサングラスでおなじみ

彼女の遺灰はその国立公園にまかれた

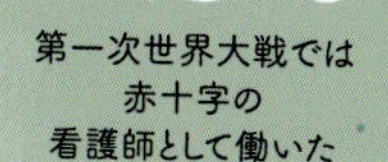

第一次世界大戦では赤十字の看護師として働いた

ハワイ大学を卒業した初のアフリカ系アメリカ人
であり初の女性
ボール法を発明した
彼女が考案した化学療法は
ハンセン病の治療の助けとなった
OIL

「1915 年には高等教育は男性たちに支配されており、アリス・ボールはそうした困難な状況の中で認められたのです」――マイルス・ジャクソン、ハワイ大学の教授兼名誉学部長

彼女の父親は
有名な弁護士だった
1866年から20世紀のはじめ、
8000人以上のハンセン病
患者がカラウパパへ送られた
ハワイ大学では
ダイフウシノキの木にプラーク
（銘板）をつけて
アリスの功績を讃えている
大学に籍を置いていた頃、
アメリカ化学学会誌に
共同研究の論文を
発表した
大風子油は患者が
服用した際に激しい胃痛を
引き起こしていた
ハワイでは４年に
１度の2月29日は
アリス・ボールの日
とされている
1940年代に
抗生物質が
開発されるまで、
ハンセン病の
効果的な治療法は
彼女が開発した
ものしかなかった

難病の患者たちを救った

アリス・ボール

化学者

アリス・ボールは1892年、シアトルに生まれました。彼女の祖父は有名な写真家で、アリスは彼の暗室で化学の不思議に出会いました。▼彼女はワシントン大学で化学を学びはじめ、それから修士号を取りにハワイへと向かいました。1915年、彼女はハワイ大学を卒業した最初のアフリカ系アメリカ人かつ最初の女性となりました。▼1900年代前半、公衆衛生における緊急事態が発生していました。ハンセン病と呼ばれる感染症が大流行していたのです——この病気は感覚のまひ、永久に元に戻らない皮膚の変形、そして神経と目の損傷を引き起こします。当時の人々は感染を過度に恐れたため、患者は警察に拘束され、ハワイのモロカイ島にあるカラウパパ・ハンセン病患者コロニーに隔離されていました。▼この頃、ハンセン病の苦痛を軽くするものは、ダイフウシノキの種から採れる、どろりとした粘りけのある油（大風子油）しか見つかっていませんでした。しかしこの油を血管に注射しやすいよう水と混ぜて適切な治療薬を作る方法はまだありませんでした。▼アリスは23歳のときに濃厚な大風子油の新しい加工法を開発しました。エチルエステルを脂肪酸から単離させれば、注射用に水と混ぜることができるのを発見したのです。「ボール法」として知られるようになったこの新しい治療法は、ハンセン病に苦しむ人々を助けました。1918年には、患者たちは家族に面会できるようになり、新たに感染した人々もむりやり追放されることはなくなりました。▼アリスは1916年、実験室で教えている最中に、あまりにも急かつ早すぎる死を迎えました。誤って塩素ガスを吸ってしまったのが死因とみられています。彼女は現在、絶望的と思われていた病気の治療法を見つけた人物として記憶されています。

「研究者である私には、ごくまれに人生の忘れがたい瞬間が訪れます……それは自然の秘密にかぶせられたヴェールが突然はがれるようなとき……」――ゲルティ・コリ

夫婦で代謝の仕組みを解明

ゲルティ・コリ

生化学者

ゲルティ・コリは1896年、プラハに生まれました。プラハ大学で生化学者こそ自分の天職だと気づき、医学の博士号を取りました。彼女はここでカール・コリに出会いました。▼ゲルティとカールは激しく恋に落ち、人生と研究のパートナーになりました。カールは妻といっしょに働くことができない仕事の口は断りました。ゲルティは仕事の速さと細心の注意に定評があり、研究室を支える力となりました。▼カールとゲルティはアメリカに渡って、体がどのようにエネルギーを使っているかについての研究を開始しました。ふたりは細胞が糖をエネルギーとして利用する仕組みの謎を解きました。私たちの体がどうやって筋肉と肝臓を使ってグルコースを乳酸に（また逆に乳酸をグルコースに）変えているのかを解明したのです。こうして私たちは運動するときにエネルギーを使ったり、あとのために貯めたりしています。この過程はゲルティとカールにちなんで「コリ回路」と呼ばれています。ふたりはワシントン大学医学部の研究室で仕事を続け、そこは生化学の最先端になりました。▼1947年、ゲルティとカールはその医学への驚くべき貢献により、ノーベル賞を共同で受賞しました。それからすぐにゲルティは骨髄の病気にかかりましたが、いつも通りに研究室で働き続けました。移動が必要なときはカールが彼女を抱きかかえて運びました。ふたりにとって自分たちの研究よりも大事なのはお互いのことだけだったのです。ゲルティは1957年に61歳で亡くなりました。

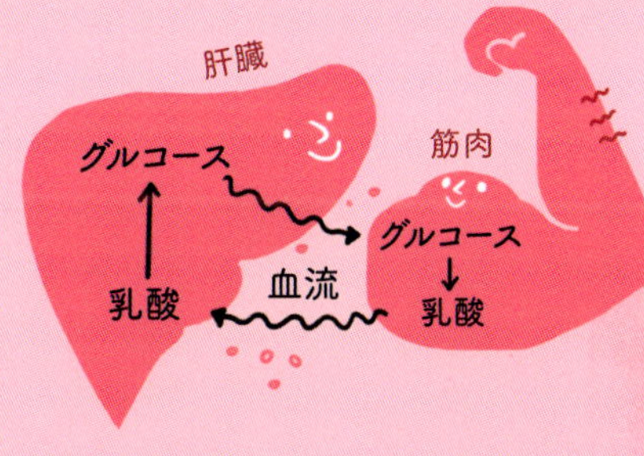

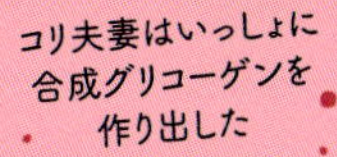

コリ夫妻はいっしょに合成グリコーゲンを作り出した

はじめて試験管で非常に複雑な分子を合成した

コリ夫妻は共同で9年のあいだに50本の論文を発表

糖の処理に関係する酵素とホルモンについて研究した

アメリカ人女性としてはじめてノーベル賞を受賞した

コリ夫妻の研究室からは他に6人のノーベル賞受賞者が育った

人々が糖尿病を理解するのを助けた

「女性が爬虫類館の館長をやってはいけないなんてことがあるでしょうか？　私の国でも世界中のどんな国でも、女性たちは働いています。あらゆる種類の仕事と職業で」――ジョーン・ビーチャム・プロクター

近代的な動物園を考案

ジョーン・ビーチャム・プロクター

動物学者

コモドオオトカゲに
スプーンで卵をあげた

ジョーン・ビーチャム・プロクターは常に爬虫類に魅せられていました。彼女は1897年にイングランドに生まれ、女性はおしとやかなものであり爬虫類は得体の知れない危険なものであると一般に考えられていた時代に育ちました。ジョーンは持病のために大学に通えませんでしたが、だからといって大好きな動物たちについて学ぶことをやめはしませんでした。▼ジョーンはヘビ、カエル、それにワニまでペットとして飼っていました。ジョーンは弱冠19歳にして論文を動物学会に提出しました。1917年、彼女は爬虫類と魚の部門担当者の助手として大英博物館で働きはじめました。1923年、彼女はロンドン動物園の爬虫類館の館長となり、オーストラリアに生息するペニンシュラドラゴンリザードという新種を発見しました。▼小さな金髪の女性が大きなヘビや爬虫類を扱っていることに新聞は大騒ぎし、彼女は有名になりました。彼女は建築家たちといっしょに爬虫類館を設計しました。これは1926年に建てられ、現在でも使われています。爬虫類にとっての快適さを特別に考慮してこうした施設が建てられたのは、これがはじめてでした。▼ジョーンは、「動物園の成功の秘訣は動物をくつろがせること」だと世間に知らしめました。彼女はその芸術的な才能を、動物たちの自然生息地のような環境を作るために役立てました。彼女の監督のもと、動物園の爬虫類たちは人工的な環境で飼われているものとしてはかつてなく長生きするようになりました。▼慢性の病気は彼女を徐々に弱らせていきました。それでも彼女は可能な限り出勤し、リードにつないだペットのコモドオオトカゲといっしょに車椅子で館内を見て回りました。ジョーンは1931年に34歳で亡くなりましたが、彼女が遺したものはロンドン動物園にいまもなお生き続けています。

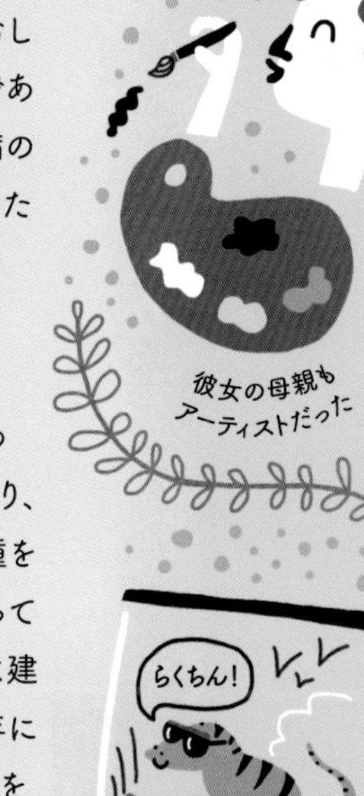

彼女の母親も
アーティストだった

人工物と絵に描いた風景で
動物にとってより快適な環境が
作れることを示した

動物たちが日光の紫外線を
浴びられるように、爬虫類館に
特製のガラスを使った

動物のために
自然環境を作り出すという
彼女の哲学は、現代の
動物園の運営のありかたに
影響を与えた

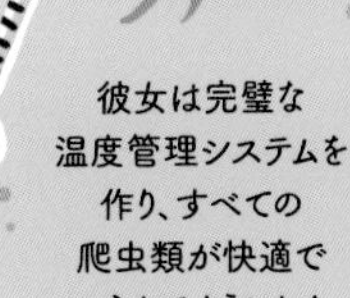

彼女は完璧な
温度管理システムを
作り、すべての
爬虫類が快適で
いられるようにした

「現在受け入れられている考えかたでは理解できない事実に遭遇することほど強烈な喜びは、ほかにありません」

——セシリア・ペイン＝ガポーシュキン

太陽の組成を突き止めた

セシリア・ペイン＝ガポーシュキン

天文学者、天体物理学者

1900年にイングランドに生まれたセシリア・ペイン=ガポーシュキンは、常に科学への情熱を胸に抱いていました。彼女はケンブリッジ大学に通い、日食と一般相対性理論の関係についての講義をきっかけに物理学と天文学に引きこまれました。▼当時この大学は、女性に大学院レベルの学位を与えていませんでした。セシリアはイングランドのケンブリッジを離れてアメリカ合衆国マサチューセッツ州のケンブリッジに移り、ハーヴァード大学天文台の研究員として宇宙の星が何からできているかの解明に取りかかりました。▼当時の科学者たちは星々が地球と同じような作りをしていると信じていましたが、セシリアは量子物理学の知識をもとに恒星スペクトルを解釈して新たな見識を示しました。おそらく極度に高温の太陽が原子をイオン化しているのだと彼女はすでにわかっていました。イオン化の状態の違いは星のスペクトルの吸収の度合いの違いとして現れます。彼女はこれらのイオンがそれぞれどんな元素から生じているのかを特定しました。▼彼女は太陽がほぼ水素とヘリウムガスでできていることを突き止めました。これは大論争を引き起こし、高名な天文学者ヘンリー・ラッセルは彼女に「ありえない」と言いました。彼女の論文は1925年に『恒星大気』という本になりました。学者たちはこの本を読み、数年のうちに学会は彼女が正しかったことを理解したのです！彼女の研究は天文学を変え、星のスペクトルの適切な読みとりかたを科学者たちに教えました。▼セシリアは偉業を成しとげたにもかかわらず、女性だったためにハーヴァードでは技術助手としてしか認められていませんでした。1956年にようやく彼女はハーヴァード初の女性天文学教授になりました。彼女の仕事は、星の一生と宇宙についての深い理解を私たちにもたらしたのです。

ハーヴァード大学も女性に博士号を与えていなかったため、彼女はラドクリフ大学で博士号を取得した

HARVARD

ハーヴァード大学天文学部の学部長になった

STELLAR ATMOSPHERES

変光星と新星について研究した

星の温度をきちんと読みとった最初の人物

『高光度の星々』の著者でもある

ハーヴァード大学で夫のセルゲイ・ガポーシュキンといっしょに働いた

「あの喜びを感じるとき、あなたは正しい実験をしているのです。どこへ進むかを素材そのものに任せ、次にどうするべきかをあらゆる段階で教えてもらうのです……」——バーバラ・マクリントック

遺伝の秘密をいち早く発見

バーバラ・マクリントック

細胞遺伝学者

バーバラ・マクリントックは、1902年コネチカット州に生まれ、ニューヨーク市で育ちました。彼女はボクシングと自転車に乗ることと野球をすることが大好きでした。彼女はコーネル大学で植物学の博士号を取得し、トウモロコシと染色体についての革命的な研究に着手しました。▼1936年、彼女はミズーリ大学で遺伝学の研究をはじめました。バーバラはたいていの男性研究者よりも勇敢で、単刀直入で、ずっと知的でした――そして、それは同僚たちを不安にさせました。大学側には女性に常勤講師の職を与えるつもりがないことを悟ったバーバラは、理想の仕事を探しに出ることにしました。▼彼女はニューヨーク州の民間非営利財団が運営するコールド・スプリング・ハーバー研究所で本格的に仕事に取りかかりました。彼女は同じ苗から育つトウモロコシの穀粒がさまざまな色をしているのに魅せられていました。彼女は畑にトウモロコシを植え、その細胞を長いこと顕微鏡で観察して過ごしました。▼彼女は、さまざまな色の穀粒がそれぞれ共通する遺伝子を持ち、しかし別々の順番に並び替えられていることを発見しました。つまり、遺伝子は染色体の別の部分に「ジャンプ」したり、発現したりしなかったりするということです。ジャンプする遺伝子、別名「トランスポゾン」の発見は、この世界の多様性と進化の道筋を説明しました。バーバラはこの発見に興奮し、1951年に講演を行いましたが、誰ひとり彼女のことを信じませんでした。▼それからおよそ20年後、科学者たちはバーバラに追いつき、彼女の業績はようやく認められるようになりました。彼女は1983年、最初の発見から30年以上経ってからノーベル賞を受賞しました。バーバラの研究には、遺伝学における最大級の発見がいくつか含まれています。

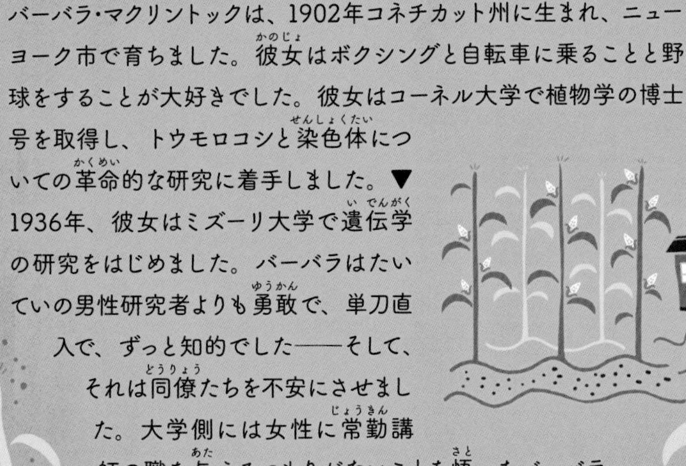

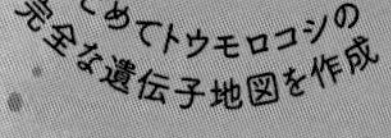

ミズーリ大学では、彼女はいつもズボンをはき、学生たちと遅くまで研究室で仕事をしていたことから、厄介者とみなされていた

はじめてトウモロコシの完全な遺伝子地図を作成

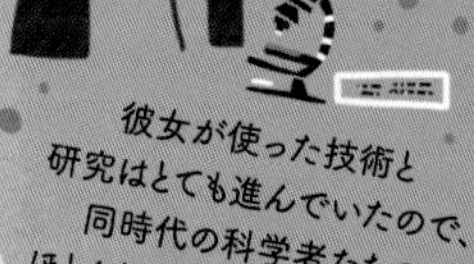

彼女が使った技術と研究はとても進んでいたので、同時代の科学者たちのほとんどにとっては複雑すぎた

米国遺伝学会初の女性会長になった

米国科学アカデミーの会員に選ばれた

「科学を愛していると、ずっと研究し続けたいとだけ願うようになります」——マリア・ゲッパート＝メイヤー

同位体のふるまいを解明

マリア・ゲッパート＝メイヤー

理論物理学者

2、8、20、28、
50、82、126 が
安定同位体の「魔法数」だ
学者一家に生まれた
7代目
シカゴでの仕事の関係で
原子核物理学を学んだ
彼女のニックネームは
「タマネギの聖母」だった
同位体の謎はまるで
ジグソーパズルのようだと
彼女は考えていた
ヘビースモーカーで、
ときには2本のタバコを
同時に吸っていた
これは彼女の後半生に
深刻な健康問題を
引き起こした

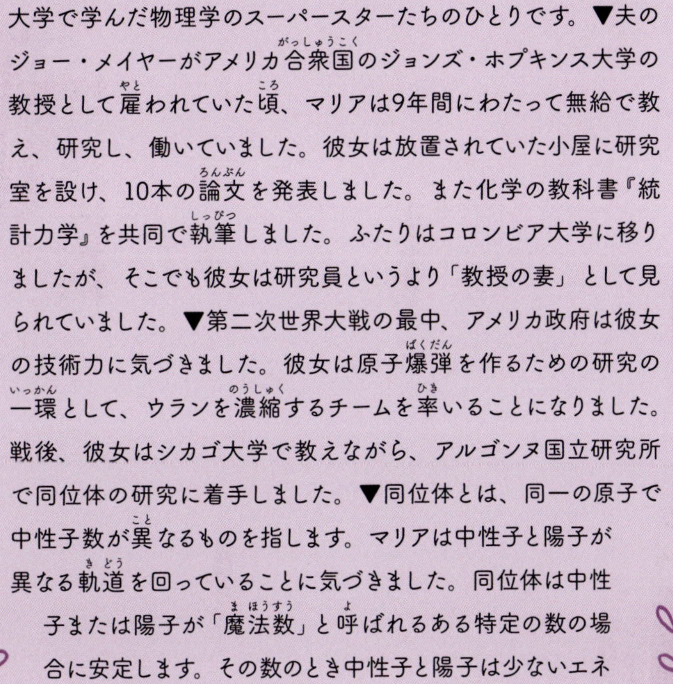

マリア・ゲッパート=メイヤーは、人生の大部分を無給か無給同然の報酬で働いて過ごしました。そんな待遇だったにもかかわらず、彼女は宇宙最大の謎のひとつを解明しました。1906年にドイツに生まれた彼女はゲッティンゲン大学で学んだ物理学のスーパースターたちのひとりです。▼夫のジョー・メイヤーがアメリカ合衆国のジョンズ・ホプキンス大学の教授として雇われていた頃、マリアは9年間にわたって無給で教え、研究し、働いていました。彼女は放置されていた小屋に研究室を設け、10本の論文を発表しました。また化学の教科書『統計力学』を共同で執筆しました。ふたりはコロンビア大学に移りましたが、そこでも彼女は研究員というより「教授の妻」として見られていました。▼第二次世界大戦の最中、アメリカ政府は彼女の技術力に気づきました。彼女は原子爆弾を作るための研究の一環として、ウランを濃縮するチームを率いることになりました。戦後、彼女はシカゴ大学で教えながら、アルゴンヌ国立研究所で同位体の研究に着手しました。▼同位体とは、同一の原子で中性子数が異なるものを指します。マリアは中性子と陽子が異なる軌道を回っていることに気づきました。同位体は中性子または陽子が「魔法数」と呼ばれるある特定の数の場合に安定します。その数のとき中性子と陽子は少ないエネルギーで回転できるのです。彼女は「まるでパートナーとダンスをしているようです」と言いました。彼女が示した図はタマネギの層のようでした。▼この原子核の殻構造の研究結果は同位体のふるまいを明らかにしました。1960年、マリア・ゲッパート=メイヤーはカリフォルニア大学で、ようやく常勤の教授として有給の職を与えられました。それからまもなく1963年に、彼女はノーベル物理学賞を受賞しました。

「人は変化に対してアレルギーがあります。あなたは外へ出ていってアイデアを売りこまなくてはなりません」

——グレース・ホッパー

プログラミングの母

グレース・ホッパー

海軍准将、コンピュータ科学者

国防総省勲章を授与された

彼女の曽祖父も海軍の軍人だった

グレース・ホッパーは海軍准将であり、厳格なる先駆者であり、コンピュータ・プログラムの母として認められています。彼女は1906年、ニューヨーク市に生まれ、1934年にイェール大学で数学の博士号を取得しました。彼女はヴァッサー大学の数学准教授でしたが、第二次世界大戦中の1943年、米国海軍婦人部隊（WAVES）に入りました。▼グレースは黎明期の機械式計算機（コンピュータ）をプログラミングする任務でハーヴァード大学に派遣されました。彼女は「マークI」を目にして、「おやおや、これまで見た中でいちばんかわいい道具だわ」と思ったといいます。彼女はこの機械を最初に設計したハワード・エイケンに次ぐ副司令官となりました。グレースのチームは、マンハッタン計画における爆縮の威力の計算など戦争にかかわる重要な数式を計算しました。▼戦後、グレースは民間セクターに入りました。この頃、プログラマーには数学の学位を取って身につける高度な技術が必要でした。グレースは、もし英語でコンピュータに「話しかける」ことができればプログラミングはずっと簡単になるだろうと考えました。誰もが無理だと思いましたが、彼女はコンパイラを開発し、そこから発展して史上初の世界共通のプログラミング言語COBOL（コボル）を生み出すことになりました。こうして、ほぼ誰もがプログラミングを学ぶことができるようになったのです！▼グレースは1967年に海軍に戻りました。彼女は現役勤務最高齢の軍人となったのちに退役し（80歳まであとわずか2～3ヶ月でした）、その後も講義や教育活動を続けました――「最も有害な決まり文句は、『われわれはいつもこのやりかたでやってきた』です」と、常に世界に呼びかけながら。

ものごとは一方通行で進むとは限らないということを忘れないように、さかさまに進む時計を研究室にかけていた

コンピュータ「マークI」は幅およそ15.5メートルだった

「レイト・ショウ・ウィズ・デヴィッド・レターマン」や「60ミニッツ」などの人気テレビ番組に出演

自分のデスクに海賊旗を掲げていた 彼女は自分のチームが必要とするものを手に入れるために容赦しなかったからだ

約30センチ

彼女が切断した電線を実際に見せながら電気が10億分の1秒に進む距離を説明したのは有名

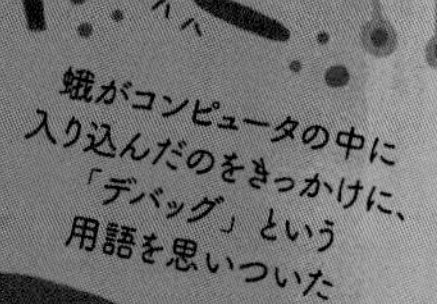

蛾がコンピュータの中に入り込んだのをきっかけに、「デバッグ」という用語を思いついた

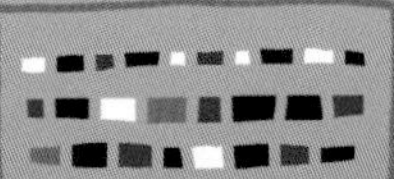

「人類はいまだかつてないほどに自分たちの制御力を示すことを求められています。自然をではなく、私たち自身を制御する努力が必要なのです」——レイチェル・カーソン

環境運動をおし進めた

レイチェル・カーソン

海洋生物学者、環境保護活動家、作家

8歳のときに
鳥についての本を書いた
11歳のときに
子ども向け雑誌に
記事が載った

国家環境政策法（NEPA）は
『沈黙の春』に応えて可決された

レイチェル・カーソンは1907年に生まれ、ペンシルベニア州の農場で育ちました。彼女はジョンズ・ホプキンス大学で動物学の修士号を取得しましたが、父親が亡くなったとき、博士課程に進む代わりに家族の生活を支えることにしました。彼女はアメリカ連邦漁業局の歴代ふたりめの女性職員になり、海の生物についてのラジオ番組の脚本を書きました。その他にも個人的に野生生物について文章を執筆していました。▼レイチェルはその詩的な文章によって、さまざまな社会的地位および職業の人々に語りかけることができました。1冊目の本『潮風の下で』はあまり注目されませんでしたが、次の『われらをめぐる海』は大評判になりました！彼女は全米図書賞を受賞し、次に『海辺』を書くために役所勤めを辞めました。▼1950年代、政府と民間企業は農薬のDDTをやみくもに乱用しはじめていました。レイチェルは古い友人のオルガ・ハッキンスから手紙を受け取りました。飛行機がDDTを大量散布したせいで野生生物保護区域の小鳥たちが死んでしまったというのです。これをきっかけに彼女は調査をはじめ、最高傑作『沈黙の春』を書きました。DDTの毒が家畜を汚染し、魚を殺し、鳥の卵を致命的に弱らせて生態系に大打撃を与えていることを明らかにしたのです。▼彼女はがんと闘いながらこの本を書きました。化学薬品会社は彼女の仕事に誹謗中傷を浴びせましたが、彼女は屈せず、DDTの真実は公になりました。彼女は上院の公聴会に招かれ、証言もしました。▼彼女は『沈黙の春』が出版されて2年後の1964年に亡くなりました。この本は環境問題への人々の関心を高め、行動を促しました。レイチェルの仕事はアメリカ合衆国環境保護庁の立ち上げに直接影響を与え、世界中の環境運動を後押ししました。

化学薬品会社は
レイチェルの信頼を失墜させる
組織的な中傷キャンペーンに
25万ドル近くを費やした

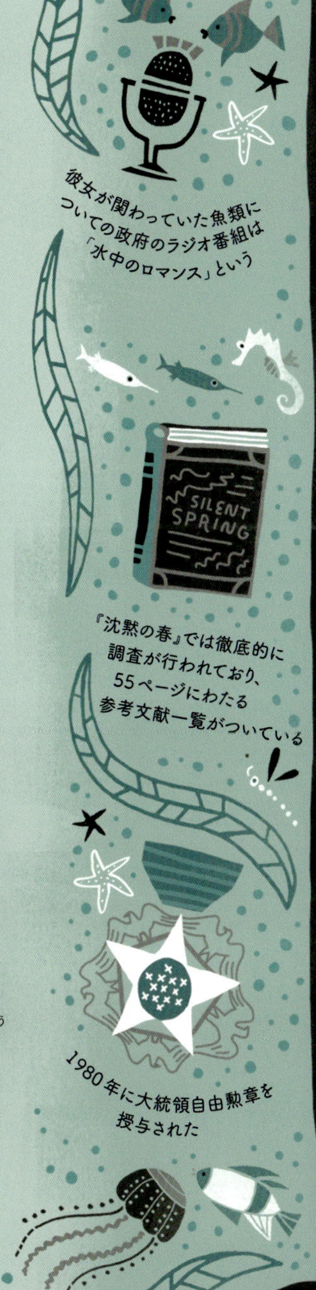

彼女が関わっていた魚類に
ついての政府のラジオ番組は
「水中のロマンス」という
SILENT
SPRING
『沈黙の春』では徹底的に
調査が行われており、
55ページにわたる
参考文献一覧がついている
1980年に大統領自由勲章を
授与された

実験のための器具　LAB TOOLS

問題解決には検査と実験が欠かせません。そして適切な道具はあなたの研究の役に立ちます（もちろん失敗することもあるでしょう）。この本で紹介した女性たちは、できる場所を見つけて自分の仕事を続けました。ときにはほこりをかぶった屋根裏部屋や小さな物置小屋で。そして認められ尊敬を集めるようになってからは、最先端の研究室で。

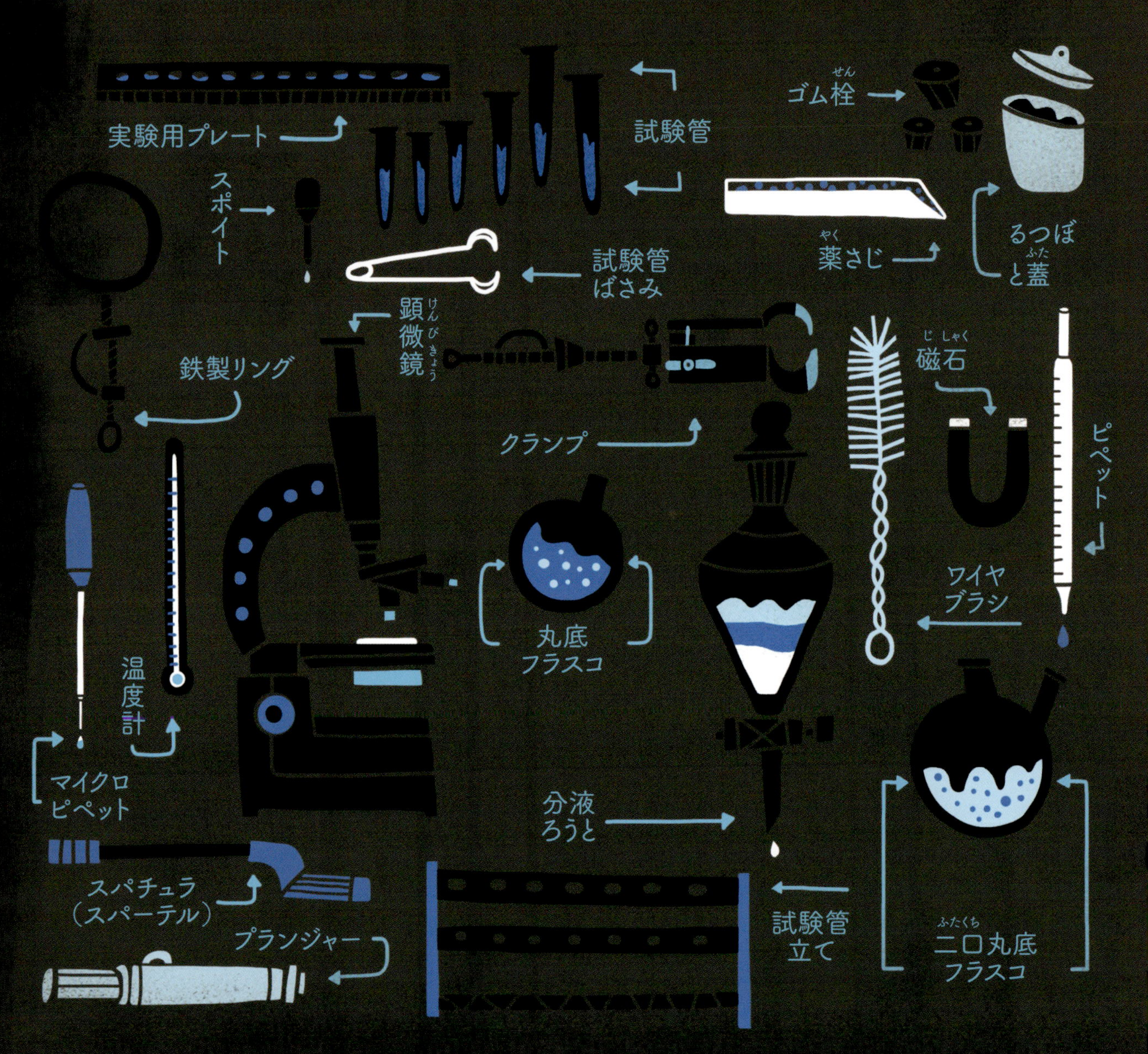

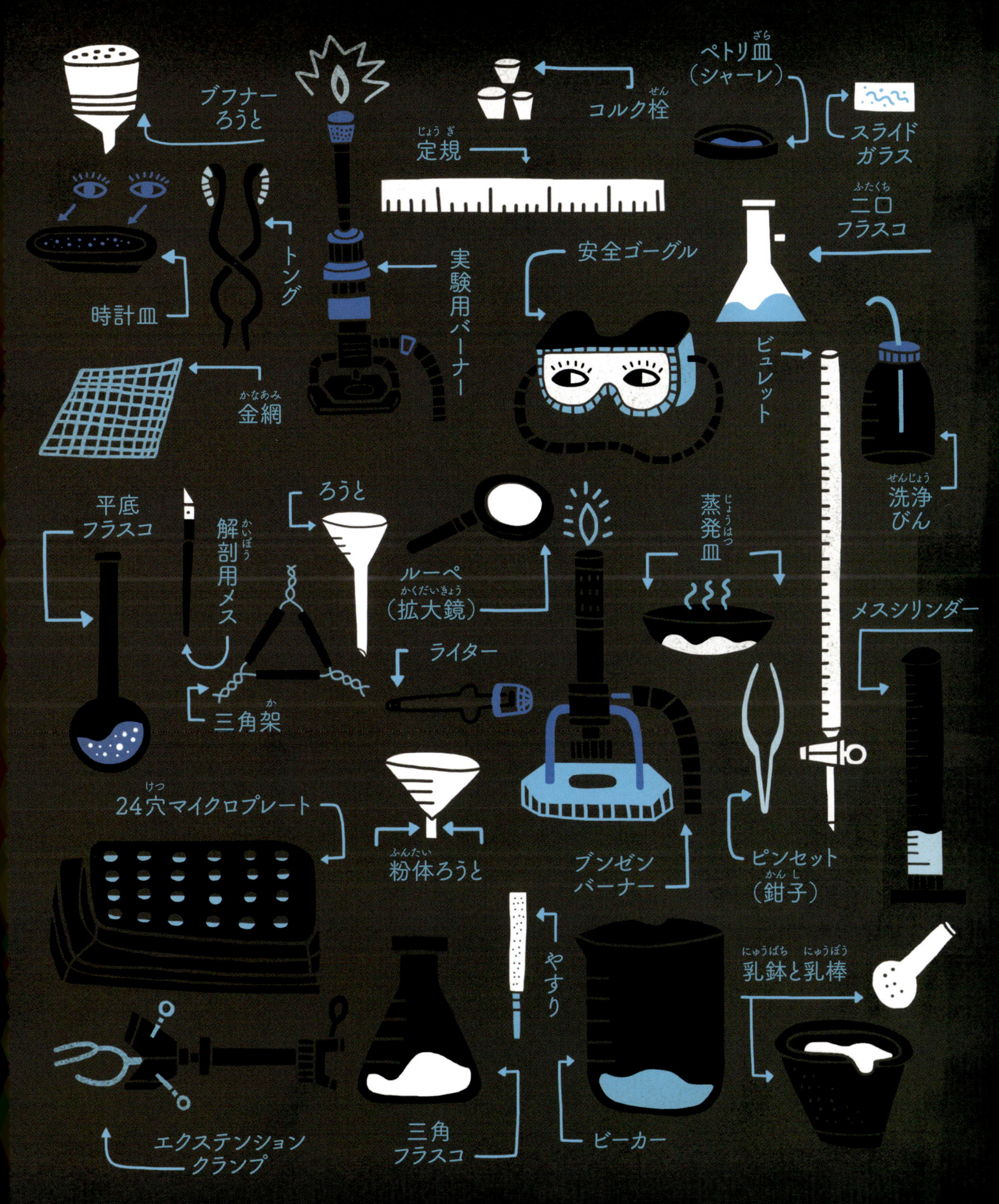
ブフナーろうと
コルク栓
ペトリ皿（シャーレ）
スライドガラス
定規
時計皿
トング
実験用バーナー
二口フラスコ
安全ゴーグル
金網
ビュレット
洗浄びん
平底フラスコ
解剖用メス
ろうと
ルーペ（拡大鏡）
蒸発皿
メスシリンダー
ライター
三角架
24穴マイクロプレート
粉体ろうと
ブンゼンバーナー
ピンセット（鉗子）
やすり
乳鉢と乳棒
エクステンションクランプ
三角フラスコ
ビーカー

「なにより、困難な瞬間(しゅんかん)を怖(おそ)れてはなりません。最高のものはそこからやってくるからです」

——リータ・レーヴィ＝モンタルチーニ

神経細胞の成長因子を発見

リータ・レーヴィ＝モンタルチーニ

神経科医、イタリア元老院議員

1909年、イタリアの裕福なユダヤ系の家庭に生まれたリータ・レーヴィ＝モンタルチーニは、いくら周囲が彼女を科学から遠ざけようとしても決して屈しませんでした。▼リータは1936年に医学校を最優秀の成績で卒業しましたが、まっとうな職につける見こみはありませんでした。イタリアは第二次世界大戦の枢軸国のひとつであり、1938年には人種差別的な法律によってユダヤ系の人々が医療に従事することが禁じられていたのです。▼彼女は自宅のベッドルームに実験場をこしらえ、研究を開始しました。彼女は農家の人々から卵を譲ってもらい、縫い針を使ってニワトリの胚の神経系を解剖しました。神経細胞がなぜ、どんなふうに発達するのかを知りたかったのです。彼女はニワトリの胚の肢の部分を切断して、運動ニューロンがどんなふうに育ち、それから死ぬのかを正確に記録しました。▼戦争が終わると、独自に研究を進めていたリータは改めて公的な科学の世界に参入しました。彼女は1学期だけ教えるという話でアメリカ合衆国ミズーリ州のセントルイス・ワシントン大学に招かれましたが、結局そこで30年にわたって教育と研究に従事することになりました。▼彼女はガラス皿で細胞組織がどのように育つかを観察し、同じ皿の上にある腫瘍サンプルが胚細胞の成長に影響を与えていることに気づきました。彼女はヘビの毒と腫瘍、最後にマウスのすい液を使って実験を重ね、神経成長因子（NGF）を発見しました。神経の成長を制御し神経細胞を健康に保つタンパク質です。これは病気を理解するにあたって非常に重要な発見でした。▼リータは1986年にノーベル生理学・医学賞を受賞しました。彼女はイタリア元老院の終身議員となり、そこで市民の平等のために闘い、科学の振興に力を尽くしました。

パウロ６世により
ローマ教皇庁科学アカデミーの
会員に任命された

そして教皇の手に
キスする代わりに
握手した

研究のために実験用マウスを
こっそり飛行機に持ちこんだ

103歳で亡くなるまで
仕事を続けた

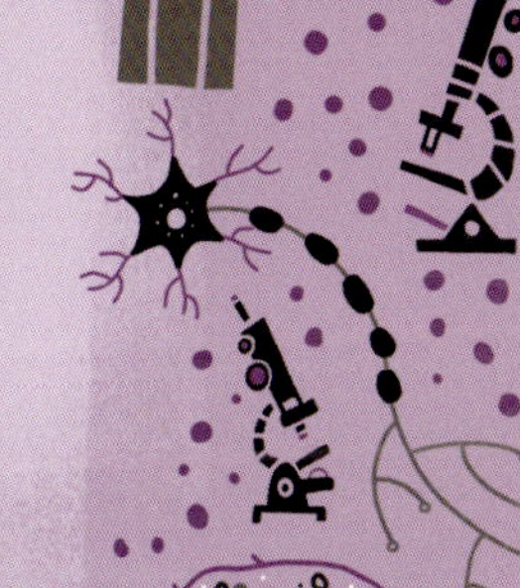

荷物紛失にあい、
アイロンがけした
ナイトガウン姿で
講演を行った
ことがある

人間の肥満細胞
およびそのNGFとの
関係についての
重要な研究をした

共同研究者の
スタンリー・コーエンと
共にノーベル賞を受賞

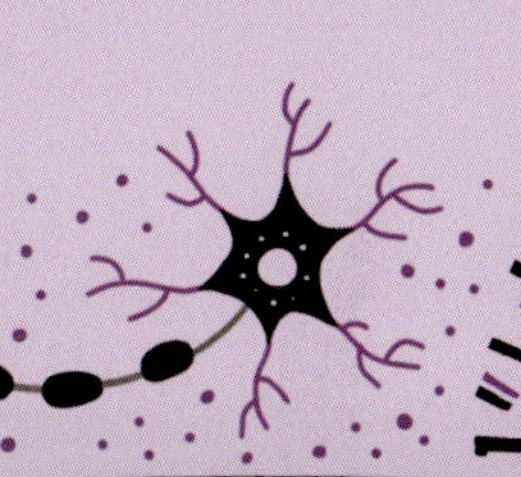

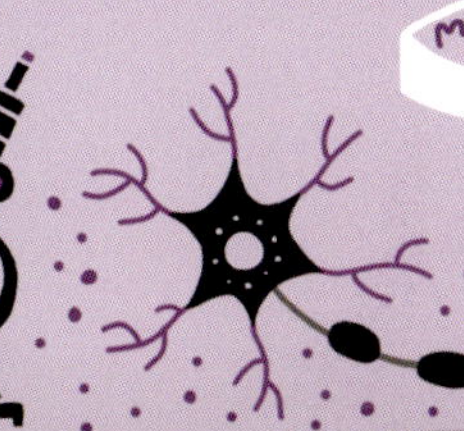

ペニシリン、ビタミンB12、
インシュリンの化学構造を発見した

複雑な分子構造を解明する
X線結晶構造解析の技術を発明した

ノーベル化学賞とメリット勲章を受賞した

「私は生涯を通じて化学そして結晶のとりこでした」——ドロシー・ホジキン

分子構造解析の第一人者

ドロシー・ホジキン

生化学者、X線結晶学者

ドロシー・ホジキンは1910年にエジプトで生まれ、イングランドの祖父母のもとで育ち、学び、スーダンで考古学の調査をしている両親を訪れました。ドロシーはそこで気さくな地質学者たちに囲まれ、発掘調査の現場を体験しました。彼女は13歳にして地面から謎めいた鉱物を見つけ、化学実験セットを使ってそれがチタン鉄鉱の結晶であることを突き止めました。▼ドロシーは1928年、オックスフォード大学への入学を認められました。当時、分子構造を知るための最新の手段だったのがX線結晶構造解析です。分子構造を完全に理解するのは非常に難しく、数ヶ月もしくは数年にわたる観察が求められる場合もあり、人間の手による複雑な計算も必要でした。▼ドロシーは少しのあいだケンブリッジで学んでから、1934年にオックスフォードに戻ってきました。大学博物館の暗くすすけた地下室で高電圧の電線と骨格標本に囲まれて自分の研究に着手し、コレステロールの構造を特定する研究で誰をも感心させました。▼この頃、1928年に発見されたペニシリンを合成して大量生産するために、分子構造の解明が求められていました。ドロシーは1945年、4年にわたる努力と独創的な技術の甲斐あって、これに成功しました。▼ドロシーは先進的な仕事を続けました。ビタミンB_{12}の構造の研究では、UCLAの学生たちとチームを組み、かつてない速さで分子構造を特定するコンピュータプログラムを開発しました。彼女は1964年に、B_{12}をはじめとする重要な生化学物質の構造の解明への大きな貢献によりノーベル化学賞を受賞しました。彼女はインシュリンの構造も解明し、これは糖尿病の薬を開発する助けとなりました。▼ドロシーは老いてなお世界を旅して講演を続けました。1994年に亡くなるまでずっと、糖尿病の正しい知識を持つことの重要性について語り、科学の進歩を促し、世界平和を呼びかけました。

中学校では化学の授業は男子生徒しか受けられなかった

彼女は特別な許可を得て授業に参加した

彼女は「優しき天才」「イングランドで最も頭がいい女性」とあだ名されていた

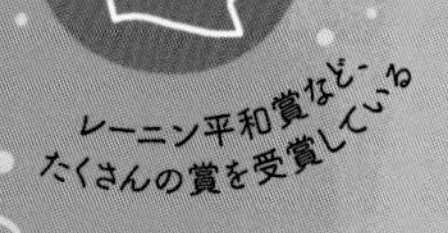

レーニン平和賞など、たくさんの賞を受賞している

彼女は国際結晶学連合の設立に助力した

マーガレット・サッチャーは彼女の教え子だった

ある研究者の同僚は、もし彼女がペニシリンの構造を発見したら、自分は辞めてキノコ農家になるという賭けをした（彼は実行しなかった）

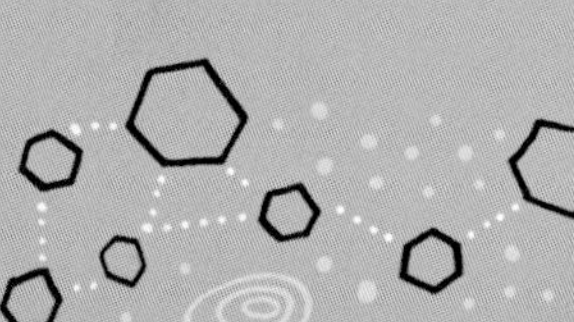

「進歩の道を阻む障害物の大半は、現在もこれまでも常に、ゆるぎない伝統というものなのです」

——呉健雄

ある実験が物理学の常識を変えた

呉健雄（ウ・チェンシュン）

実験物理学者

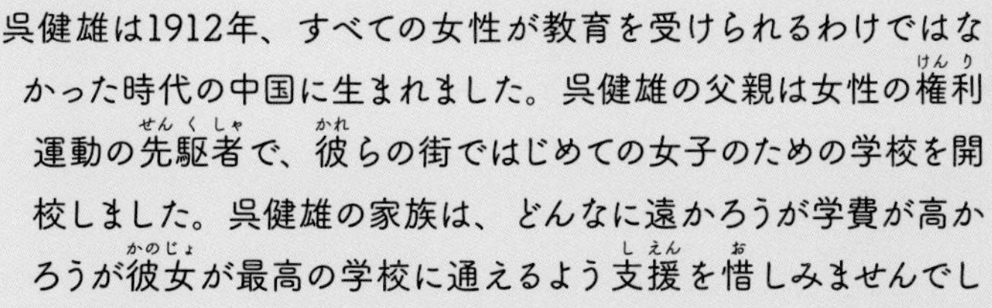

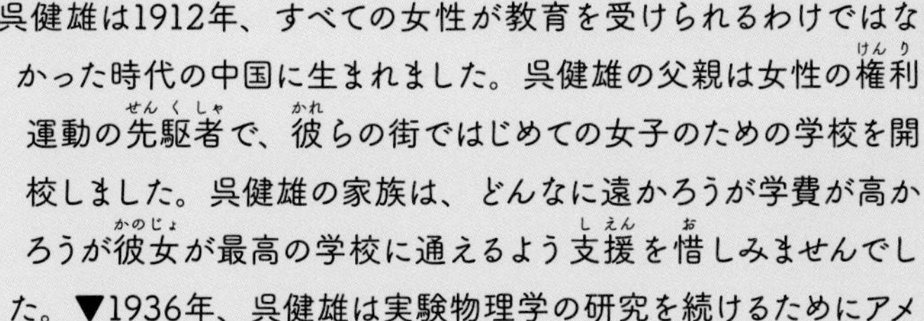

呉健雄は1912年、すべての女性が教育を受けられるわけではなかった時代の中国に生まれました。呉健雄の父親は女性の権利運動の先駆者で、彼らの街ではじめての女子のための学校を開校しました。呉健雄の家族は、どんなに遠かろうが学費が高かろうが彼女が最高の学校に通えるよう支援を惜しみませんでした。▼1936年、呉健雄は実験物理学の研究を続けるためにアメリカ合衆国へと向かいました。1940年にカリフォルニア大学で博士号を取得すると、呉健雄はプリンストン大学とスミス大学の教授になりました。▼第二次世界大戦は科学の力をもって戦われ、勝敗が決まる戦争でした。呉健雄はコロンビア大学に採用され、マンハッタン計画のために働きました。彼女はウランを濃縮して同位体を原子爆弾の燃料に必要な濃度にする方法の開発に携わりました。彼女はこの計画で放射線量計の開発にも協力しました。▼戦争が終わると、呉健雄はそのままコロンビア大学に残って、原子核のベータ崩壊についての研究に着手しました。「パリティ保存則」と呼ばれる理論は、放射性原子は対称的に崩壊するものとしていました。しかし、新しく発見されたK中間子と呼ばれる粒子は、この法則の通りには動きませんでした。この不安定な粒子を実際に観察した人は、呉健雄以前には誰もいなかったのです。彼女は昼夜を問わず研究を続けました。▼その確固たる意志をもって、呉健雄は強力な磁石を用いて原子の電子が左右非対称に崩れるのを観察しました。彼女は「パリティ保存則」の破れを証明し、物理学の常識を永遠に変えたのです。▼彼女は『ベータ崩壊』という本を出版し、たくさんの賞と名誉を与えられました。彼女は年老いても研究と世界各地での講義を続けました。

1975年のアメリカ国家科学賞を受賞した

「物理学のファーストレディ」とあだ名されている

アメリカ物理学会の特別会員に選出されたはじめての女性

国家最高機密だったマンハッタン計画のための採用面接を受けた際、

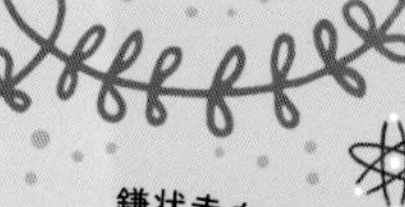

彼女は黒板に残された方程式を見ただけで、彼らが何に取り組んでいるのか理解していた

鎌状赤血球の病気を研究した

彼女の名前を翻訳すると「勇敢な英雄」という意味になる

全米発明家殿堂に名を連ねている
彼女の研究の成果は魚雷の制御、
Wi-Fi、ブルートゥース、
軍事通信に利用されている
周波数ホッピング・スペクトラム
拡散通信技術を共同開発した

「（私の父は）私が自分自身で決断を下し、自分自身のキャラクターを作りあげ、自分自身の考えを持たねばならないということを私に理解させてくれました」――ヘディ・ラマー

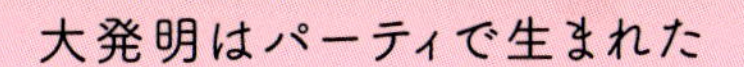

大発明はパーティで生まれた

ヘディ・ラマー

発明家、映画女優

ヘディ・ラマーがハリウッドの黄金時代に「世界でいちばんの美女」と呼ばれる女優だったことは有名です。さらに、それほどよく知られていませんが、彼女は天才発明家でもあったのです！▼ヘディことヘートヴィヒ・エヴァ・マリア・キースラーは1914年、オーストリアのウィーンに生まれました。大金持ちだけれど支配的な夫に女優の仕事をやめさせられそうになったとき、彼女は彼のもとを去ってパリに逃れ、ロンドンを経て大西洋を渡りました。▼第二次世界大戦中、全米発明家協議会は一般市民からアイデアを募集しました。ヘディは発明品をいじくり回すための秘密の工房を持っていました。彼女はパーティで前衛作曲家のジョージ・アンタイルに出会いました。ふたりは自動ピアノが音を変えるのと同じ技術を使って電波信号の周波数を変えれば、海軍の無線誘導魚雷への電波妨害を防ぐことができるのではないかと気づきました。ヘディは大興奮して彼の車の窓に口紅で自分の電話番号を書き残し、すぐに研究に取りかかりました。ふたりは共同で周波数ホッピング・スペクトラム拡散通信（FHSS）を開発しました。▼ヘディは1942年にこの特許を取りましたが、軍は彼女のアイデアを相手にしませんでした。ヘディはがっかりしながらもなお愛国心を示し、自分の名声を利用して何百万ドルもの戦争債券を売りこみました。軍は1962年にキューバ危機が発生したときようやくFHSSの可能性に気づき、魚雷の制御に利用しました。FHSSは特に複数の電子機器間の通信に役立ちました──これは私たちが現在スマートフォン、GPS、Wi-Fi、ブルートゥース機器で毎日使っている技術の基盤となっています。▼彼女はたくさんの賞を受賞し、亡くなって14年後の2014年には、全米発明家殿堂に加えられました。

交通信号機とティッシュの箱を改良した

1997年に電子フロンティア財団パイオニア賞を受賞した

映画でクラーク・ゲーブル、スペンサー・トレイシー、ジミー・スチュアートと共演した

大富豪のハワード・ヒューズは彼女が炭酸水を作る錠剤を開発するのを手伝うために化学者たちをよこした（これは失敗に終わった）

ハリウッド・ウォーク・オブ・フェームに彼女の星がある

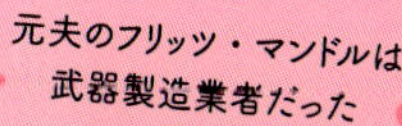

元夫のフリッツ・マンドルは武器製造業者だった

ヘディはディナーの席での彼の会話を聞いて企業秘密を知った

「これらの子どもたちが1ヶ所にまとまっていることは何を意味していたのでしょう？……彼らは白人たちから切り離され、自分が白人と変わらず優秀であると学ぶこともできない……この子たちの人種分離をやめさせるべきです」——マミー・フィップス・クラーク

心理学で差別と闘った

マミー・フィップス・クラーク

心理学者、公民権活動家

アメリカ合衆国の奴隷制度は1865年に廃止されており、アフリカ系アメリカ人たちは名目上は自由ということになっていましたが、完全な法の下の平等を獲得するのは1968年の公正住宅法まで待たなければなりませんでした。▼マミー・フィップス・クラークは1917年にアーカンソー州で生まれました。当時の南部の人種分離政策のもと、マミーは白人の店には入ることもできず、十分な予算が与えられない黒人のみの学校に通わなければなりませんでした。▼マミーはハワード大学で、将来の夫で心理学の共同研究者にもなるケネス・クラークに出会いました。マミーは「黒人未就学児童の自己意識の発達」と題した修士論文を書きました。▼マミーは1943年、コロンビア大学で博士号を取得しました。そのうちマミーとケネスは心理学を用いてニューヨークの黒人コミュニティの家族たちを援助する活動をはじめました。▼ふたりは全国を旅し、人種分離校とそうでない学校の子どもたちの反応を比較する人形実験をはじめました。子どもたちに黒と白の肌色だけが違う人形を渡し、「どちらの人形で遊びたい？　この人形はかわいい？　この人形はいい感じ？」と尋ねました。▼黒人の子どもたちは黒い人形に自分を重ね合わせます。しかし、分離教育の学校に通っている子どもは、黒い人形はみにくく、自分自身のことも同じく劣っているとみなしていることが判明しました。人種分離政策は子どもたちを傷つけ自己嫌悪を生み出していることを示す具体的な証拠です。この研究は、ブラウン対教育委員会裁判の最高裁判決で公立学校での人種分離を違法とする根拠になりました。▼マミー・フィップス・クラークのような人はまだまだ必要とされています。私たちは現在もしぶとく残っている不正と闘い続けるために、力を合わせて前に進まなければなりません。

彼女はハワード大学を次席で卒業した
この仕事を選んだのは、ずっと子ども相手に働きたいと願っていたから
ニューヨークのリヴァーデール・ホームでは、ホームレスのアフリカ系アメリカ人少女たちのカウンセラーとして働いた

肌色の実験は人種分離が自尊心をゆがめることも証明した

ケネス・クラーク

アフリカ系アメリカ人として2番目にコロンビア大学で博士号を取得した（夫のケネスが1番目）

1946年から1979年に引退するまで子ども発達ノースサイドセンターの理事を務めた

「他の人たちのせいでやる気をくじかれたり、自分にはできないと思いこんだりしないでください。かつて私は、これまで女性が化学の道に進んだことはないと言われました。そこで私は、私たちにできないわけがないと思ったのです」——ガートルード・エリオン

数々の抗ウイルス薬を開発

ガートルード・エリオン

薬理学者、生化学者

ガートルード・エリオンは1918年に生まれ、ニューヨーク市ブロンクスに育ちました。わずか15歳で高校を卒業した彼女は、祖父をがんで亡くしたのをきっかけに病気との闘いに人生を捧げようと決心しました。▼ガートルードはハンター大学をきわめて優秀な成績で卒業しましたが、当時の大学院は女性に学資援助を与えておらず、化学関係の就職の口は滅多にありませんでした。いくつものアルバイトをこなし、経済的に苦労しながらニューヨーク大学の大学院に1年通ったのち、彼女はついにバローズ・ウエルカム製薬会社を研究拠点にすることができました。▼彼女はジョージ・ヒッチングスと共同で、健康な細胞と異常な細胞との違いと、異常な細胞がどんなふうに増殖するのかを研究し、不健康な細胞だけを破壊する薬を作ろうとしました。ガートルードにはDNAに含まれる核酸が腫瘍の増殖を止めるはたらきを研究する任務が課されました。▼彼女は夜間の大学に通いながら仕事をはじめ、博士号のほうを諦めましたが、これは結果的には正しい選択でした。彼女はたくさんの医薬品を作り出し人々の命を救ったのです。1950年代に彼女が開発した白血病の治療薬ふたつによって、がん研究の新時代が幕を開けました。▼彼女はさまざまな病気に取り組み続けました。1978年には抗ウイルス薬が健康な細胞を傷つけることなくウイルスを正確に狙う方法を開発しました。こうしてできた薬はヘルペスの治療に使われ、ほかにもたくさんの抗ウイルス薬の主成分として利用されています。▼ガートルードの薬品研究は数えきれないほどの命を救い、薬物治療を劇的に進歩させました。自分の業績の中でどれがお気に入りかと聞かれたとき、彼女はこう答えました。「自分の子どもたちのうちどれかひとつを特別扱いすることはできません」

「(他の女性たちは)質問をしたり、さらに先の課題に挑んだりはしませんでした。私は質問しました。『なぜですか』と。彼らは私が質問をし続けることにも、そこにいる唯一の女性であることにも慣れていきました」——キャサリン・ジョンソン

人類を月へ導いた計算手

キャサリン・ジョンソン

物理学者、数学者

キャサリン・ジョンソンは1918年にウエストヴァージニア州に生まれ、幼い頃から数学が大好きでした。彼女はずば抜けて頭が良く、わずか15歳でウエストヴァージニア州立大学に入学しました。キャサリンは当時彼女が知っていた女性たちと同じように将来は自分も数学教師か看護師になるものと思っていましたが、大学で有名な数学者W・W・シェフェリン・クレーター教授に出会い、数学者を目指すことにしました。▼キャサリンは18歳で大学を卒業しましたが、大恐慌のまっただ中で望んだ仕事の口がなく、生活のために高校で教えました。1950年代、NASAはアフリカ系アメリカ人の女性計算手に門戸を開きはじめました。キャサリンはこれに応募し、採用されました！▼NASAで会議への出席を許されなかった彼女は、女性を入れてはいけない決まりがあるのかと尋ねました。彼女の物怖じしない姿勢と好奇心は報われ、出席が認められました。▼宇宙船の飛行経路を割り出すには複雑な幾何学の数式を解かねばならず、彼女はこれが大得意でした。彼女は1961年、有人宇宙船を飛ばすマーキュリー計画の任務に抜擢され、打ち上げ可能時間帯の計算を成功させました。▼彼女はすぐに1969年の人類初の月飛行経路を計算するチームに欠かせない存在になりました。キャサリンは計算のほとんどを手がけ、NASAの新しい機械式コンピュータの計算をチェックする役割も担っていました。アポロ号の乗組員が安全に地球に帰ってくるためには、計算は完璧でなければなりませんでした。アポロ計画が成功したのは、彼女の立派な仕事のおかげなのです！▼キャサリンはそのあとも、スペースシャトルや火星探査計画などたくさんの重要なプロジェクトに携わりました。彼女は33年にわたってNASAに勤務したのち、1986年に引退しました。

1,2,3...

彼女は小さな頃から数字が大好きで、目につくものを何でも数えていた

2015年、彼女は97歳で大統領自由勲章を授与された

26本の科学論文を共同執筆している

大学では数学とフランス語を専攻した

月とアポロ号はそれぞれ異なるスピードで動くが、彼女は両者が確実に出会うよう計算した

1997年の「今年の数学者」だった

宇宙旅行についての最初の本の執筆に協力した

ニューヨーク州立大学から法学の名誉博士号を授与された

「ジェーン・ライトの仕事は科学的だっただけでなく、腫瘍学研究全体にとって未来を予見するものだったのです」
——サンドラ・スウェイン博士、『ニューヨーク・タイムズ』にて

がんの化学治療を発展させた

ジェーン・クーク・ライト

腫瘍学者

ジェーン・クーク・ライトは1919年、有名な医者一族に生まれました。彼女の祖父はアフリカ系アメリカ人初のイェール大学医学部卒業生で、父親はハーレム病院がん研究基金の設立者でした。彼女と彼女の父親はがん治療の常識を一変させました。▼1940年代、医師たちはがん細胞と闘う方法を探りはじめたばかりでした。たとえば彼らは患者にマスタードガスの化合物を注射してみたりもしていました。ジェーンは1945年にニューヨーク医科大学を卒業すると、ハーレム病院で父親といっしょに働きながら、がん研究に取り組みはじめました。父親が亡くなると、ジェーンは33歳でがん研究センターの所長になりました。▼ジェーンは化学薬品を患者に直接使ってみる代わりに、がん組織のサンプルを用いて試験を行う新しい研究方法を編み出しました。これによって彼女はひとりひとりの患者に合った効果的な治療薬を手早く開発できるようになりました。▼ジェーンは手術が難しい場所にある腫瘍を治療するための新しい方法も考案しました。外科手術で腫瘍をすべて切除するそれまでのやりかたでは、やむを得ず臓器全体をいっしょに取り除かねばならないこともありましたが、彼女は体を傷つける恐れがより少ない、カテーテルを使って特定の部分に正確に化学薬品を届ける方法を開発したのです。▼アフリカ系アメリカ人の医者がきわめて少なく、ましてや女性はほとんどいなかった時代に、ジェーンは腫瘍学の分野のリーダーになりました。彼女はアメリカ臨床腫瘍学会（ASCO）を共同で設立し、ニューヨーク医科大学の副学長になりました。ニューヨークがん協会初の女性会長でもあります。ジェーン・ライトはすばらしい医者だっただけではなく、医学の分野で活躍する女性の先達でもあるのです。

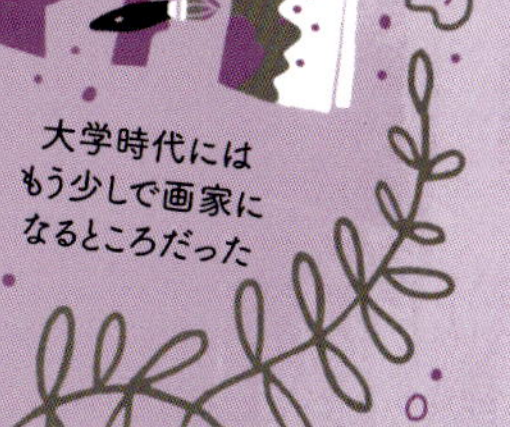

大学時代には もう少しで画家に なるところだった

脳卒中、心臓病、そしてがんのより良い研究法を開発した

アフリカ、中国、東欧の医者たちの代表団を導いた

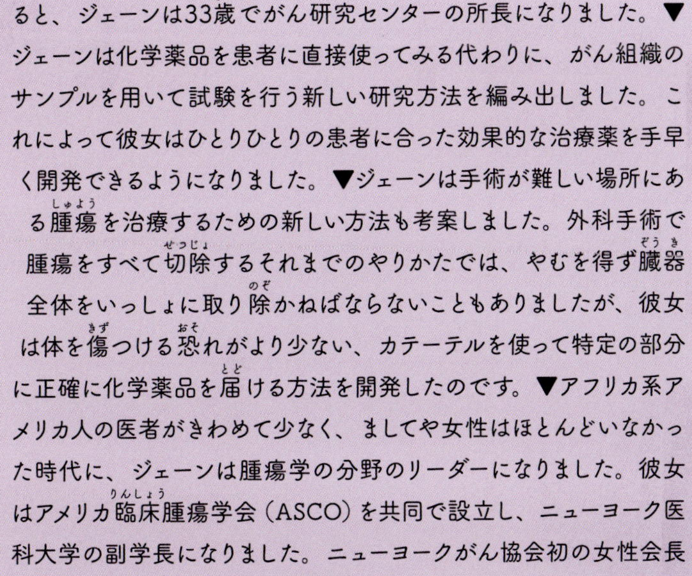

メトトレキサートなどの新しいがん治療薬の試験に助力した

「化学療法の母」とあだ名されている

1964年、心臓病、がん、脳卒中のための大統領諮問委員会に参加した

「科学と日常生活は分かちがたいものですし、分けてはいけません」——ロザリンド・フランクリン

栄光を盗まれた孤高の化学者

ロザリンド・フランクリン

化学者、X線結晶学者

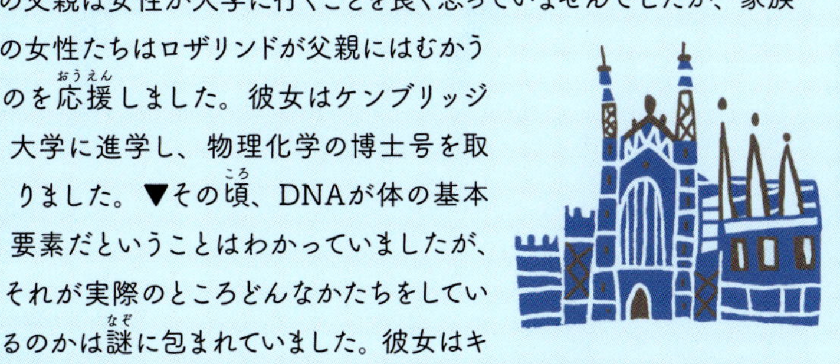

ロザリンド・フランクリンは1920年、ロンドンに生まれました。彼女の父親は女性が大学に行くことを良く思っていませんでしたが、家族の女性たちはロザリンドが父親にはむかうのを応援しました。彼女はケンブリッジ大学に進学し、物理化学の博士号を取りました。▼その頃、DNAが体の基本要素だということはわかっていましたが、それが実際のところどんなかたちをしているのかは謎に包まれていました。彼女はキングス・カレッジの研究チームの一員としてこの問題に取り組みました。▼ロザリンドはX線を使い、繊細なDNA組織を何時間にもわたって分析しました。彼女はDNAが二重らせんであることを証明するあの有名な写真の撮影に成功しました。▼このとき科学者のジェームズ・ワトソンとフランシス・クリックもDNAの構造を解明しようとしていました。彼らはロザリンドの研究の成果を許可なく盗み見て、この発見を自分たちの研究の一部として、彼女の名前なしで発表したいと言いました。ロザリンドはこうした不快な研究環境を離れて自分の研究を続けました。彼女はある研究所で、タバコモザイクウイルスとポリオウイルスの興味深い研究に着手しました。▼不運なことに、ロザリンドは末期がんと診断されてしまいました。おそらくX線を用いて熱心に研究するうちに放射線を浴びたのが原因でしょう。彼女は1958年、わずか37歳で亡くなりました。▼ワトソンとクリックはロザリンドが亡くなったあとにノーベル賞を受賞しました。ワトソンは著書『二重らせん』でロザリンドについて冷酷かつ無礼な評を書きつつ、彼女のデータを見たことを認めました。▼ロザリンドはノーベル賞を受賞して然るべきだった女性として記憶されています。いま私たちは、彼女の画期的な研究の物語を知っていて、そのすばらしい偉業を讃えることができるのです！

男

だけ

キングス・カレッジのまわりの食堂やパブはすべて男性しか利用できなかった

15歳のときには科学者になりたいと自覚していた

写真51番は二重らせん構造を証明した

万国博覧会のために巨大かつ正確なタバコモザイクウイルスの彫刻を作った

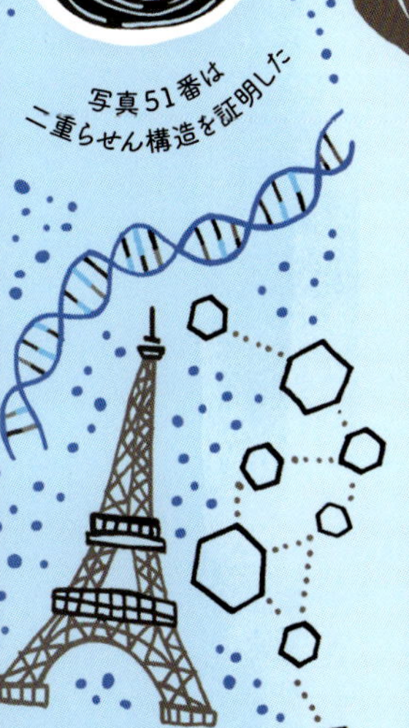

フランスでX線結晶学を学んだ

木炭の研究は第二次世界大戦中のガスマスクに利用された

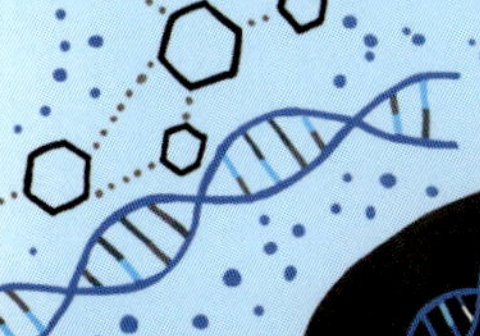

「私たちは自分自身を信じなければなりません。でなければ他の誰かが私たちを信じることもないのですから。私たちは自らの野心にふさわしい能力、勇気、成功への意志を持つべきなのです」——ロザリン・ヤロー

放射性同位体を医学に役立てた

ロザリン・ヤロー

医学物理学者

ロザリン・ヤローは常に闘う人でした――家族も幼い頃のロザリンが教師に立ち向かった逸話を伝えています。1921年にニューヨーク市に生まれた彼女はヤンキースの試合を観戦したり図書館で本を読んだりして子ども時代を過ごしました。▼1945年にイリノイ大学で博士課程を終えたロザリンは、ブロンクスの退役軍人局医療センターで放射性同位体を医学に利用する方法の研究をはじめました。研究資金は乏しく、ロザリンは自分でなんとか工夫しなければなりませんでした。彼女は用務員のための古い物置をアメリカ初の放射性同位体実験室に変えました。共同研究者はソロモン・バーソンといい、ふたりは親友になりました。▼ロザリンとソロモンは体内のホルモンの量を計測する非常に繊細な新しい方法を考案しました。ホルモンに放射性同位体を結びつけ、そこで生じる抗体の量を計測するのです。この放射免疫測定法（RIA）は現在も利用されています。▼ロザリンとソロモンはRIAを利用してインシュリンが体内でどのようなはたらきをしているのかにまつわる新事実を発見し、糖尿病の1型と2型の違いを解明しました。これは患者に適切な治療を施す助けになりました。▼1972年、ソロモンが心臓発作で亡くなり、ロザリンは心を痛めました。彼は彼女にとって兄弟のような存在でした。男性の共同研究者を失ってひとりで研究する女性となった自分が、科学の世界で以前より軽んじられてしまうであろうこともロザリンにはわかっていました。彼女はそれまで以上に懸命に働き、わずか4年のあいだに60本もの研究報告を発表しました。▼ロザリンの激務は報われました。彼女はたくさんの賞や名誉を授けられ、積年の夢だったノーベル賞も1977年に受賞しています。彼女の仕事は内分泌学を進歩させ、今日まで人々の命を救い続けています。

労働の大変さを理解しており、娘の歯列矯正代を稼ぐためにネクタイ工場で働く母親を手伝った

かつて糖尿病の治療には豚および牛のインシュリンが使われていた　ロザリンはなぜそれに効果がなかったのかを解明した

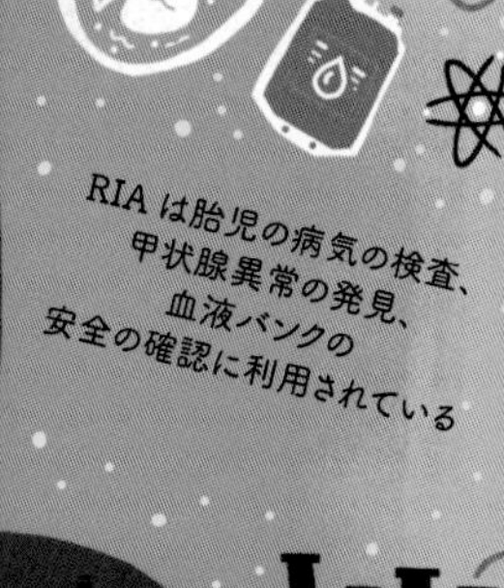

RIAは胎児の病気の検査、甲状腺異常の発見、血液バンクの安全の確認に利用されている

物理学者エンリコ・フェルミの講演を聞くため、満員の講堂の天井のはりに腰かけた

ソロモンの没後、自分の研究室を「ソロモン・A・バーソン研究室」に改名した

ノーベル賞を受賞した場合に備えて、毎年冷やしたシャンパンを研究室に用意していた

「あなたはいつでもはじめることができるのです。優秀になるには一生かかるとしても」

——エスター・レダーバーグ

バクテリアに感染するウイルスを発見

エスター・レダーバーグ

微生物学者

エスター・レダーバーグは1922年、ブロンクスのとても貧しい家庭に生まれました。彼女は遺伝学を学ぶためにスタンフォード大学に行き、1946年に修士号を取得しました。同じ年、彼女は分子生物学者のジョシュア・レダーバーグと結婚しました。彼女はウィスコンシン大学で博士号を取り、そこでジョシュアといっしょにバクテリアの研究をはじめました。▼エスターは顕微鏡を覗いていて、大腸菌の細胞の一部が「かじられた」ような見た目をしていることに気づきました。彼女はラムダファージと呼ばれる新種のバクテリオファージ（バクテリアに感染するウイルス）を発見したのです。ラムダファージは宿主の死の間際までDNAの内側に潜伏し、それから広がります。ここから、RNA、DNA、ヘルペスのような病気や腫瘍ウイルスについての理解が深まりました。▼エスターは、レプリカ平板法と呼ばれるバクテリアの変異体を調べるための新しい手法も編み出しました。ビロードの布きれを使って薬品の入った新しいシャーレにバクテリアをうつし取り、変異したバクテリアのうちどれが生きてどれが死ぬのかを観察するやりかたです。▼これによって抗生物質に対するバクテリアの抵抗力を調査し、バクテリアが自然に変異することを証明できました。一部のバクテリアは抗生物質への耐性をそれらと接触する前から持っていることも発見しました。彼女たちの研究のおかげでジョシュアは1958年にノーベル賞を受賞しました。しかし彼は受賞スピーチでエスターの調査に感謝しませんでした。▼ふたりは1959年に揃ってスタンフォード大学に戻りましたが、1966年に離婚しました。彼女は同大学で研究を続け、プラスミド・リファレンス・センターの局長になりました。彼女は自分の仕事が大好きだったので、公式に引退したあとも研究を続けました。

大学院時代の彼女はすごく貧乏だったため、研究室での解剖実験で残されたカエルの脚を食べたとか

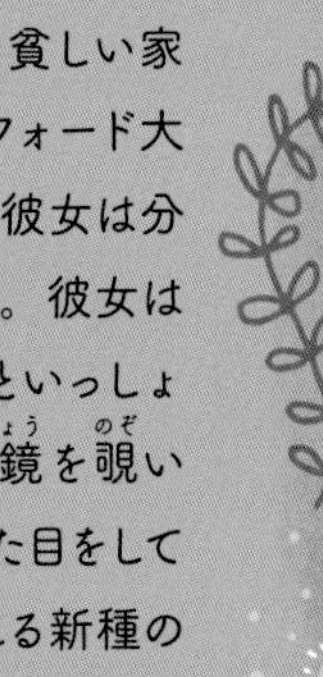

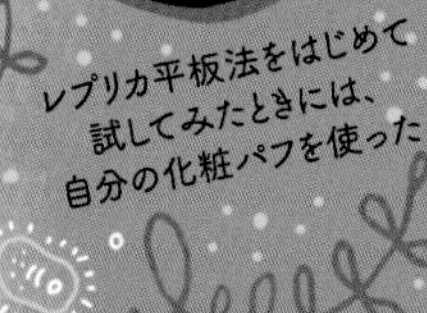

レプリカ平板法をはじめて試してみたときには、自分の化粧パフを使った

大学に入った時点ではフランス文学を学ぶつもりだったが、専攻を生化学に変更した

1951年、微生物遺伝学会報に「ラムダファージの発見」を発表した

古楽が大好きでリコーダー・オーケストラを設立した

バクテリアは自然に変異するということの証明に力を貸した

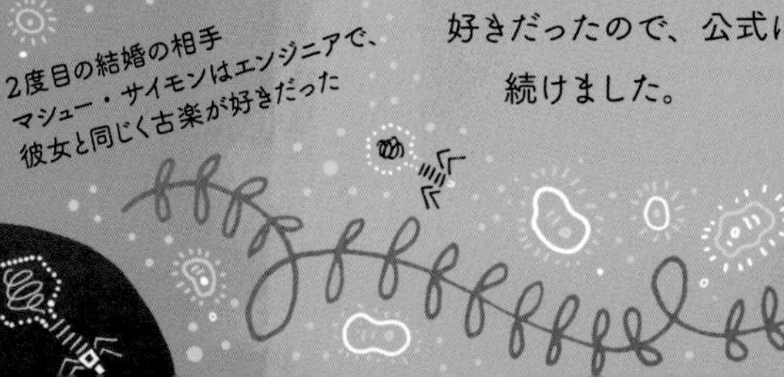

2度目の結婚の相手マシュー・サイモンはエンジニアで、彼女と同じく古楽が好きだった

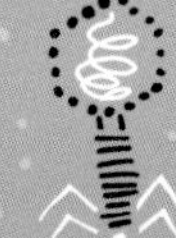

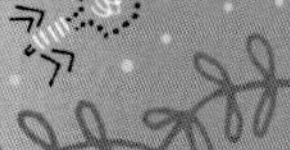

統計で見るSTEM

STATISTICS IN STEM

*STEM…科学（Science）、技術（Technology）、工学（Engineering）、数学（Mathematics）の教育分野を総称することば

アメリカ合衆国政府は労働人口の実態を理解するために国勢調査を利用してきました。2011年の国勢調査（2013年に発表）は、STEMの分野で活躍する女性がいかに少ないかを世界に示しました。20世紀半ばから新世紀まで、女性科学者の数は間違いなく増えてきましたが、しかしそれでもこの分野には女性たちがまだまだ少ないのです。これはまったくもっていけないことです。いまここにいる小さな女の子たちは、大きくなったらがんを治療したり、新たな銀河を探検したり、もしかしたら新しい種類のエネルギーを見つけ出したりするかもしれないのです。もっとたくさんのすばらしい少女と女性たちが、それぞれの見解を分かちあってすごい発見ができるよう、お互い応援しあっていきましょう！

ジェンダーギャップの割合

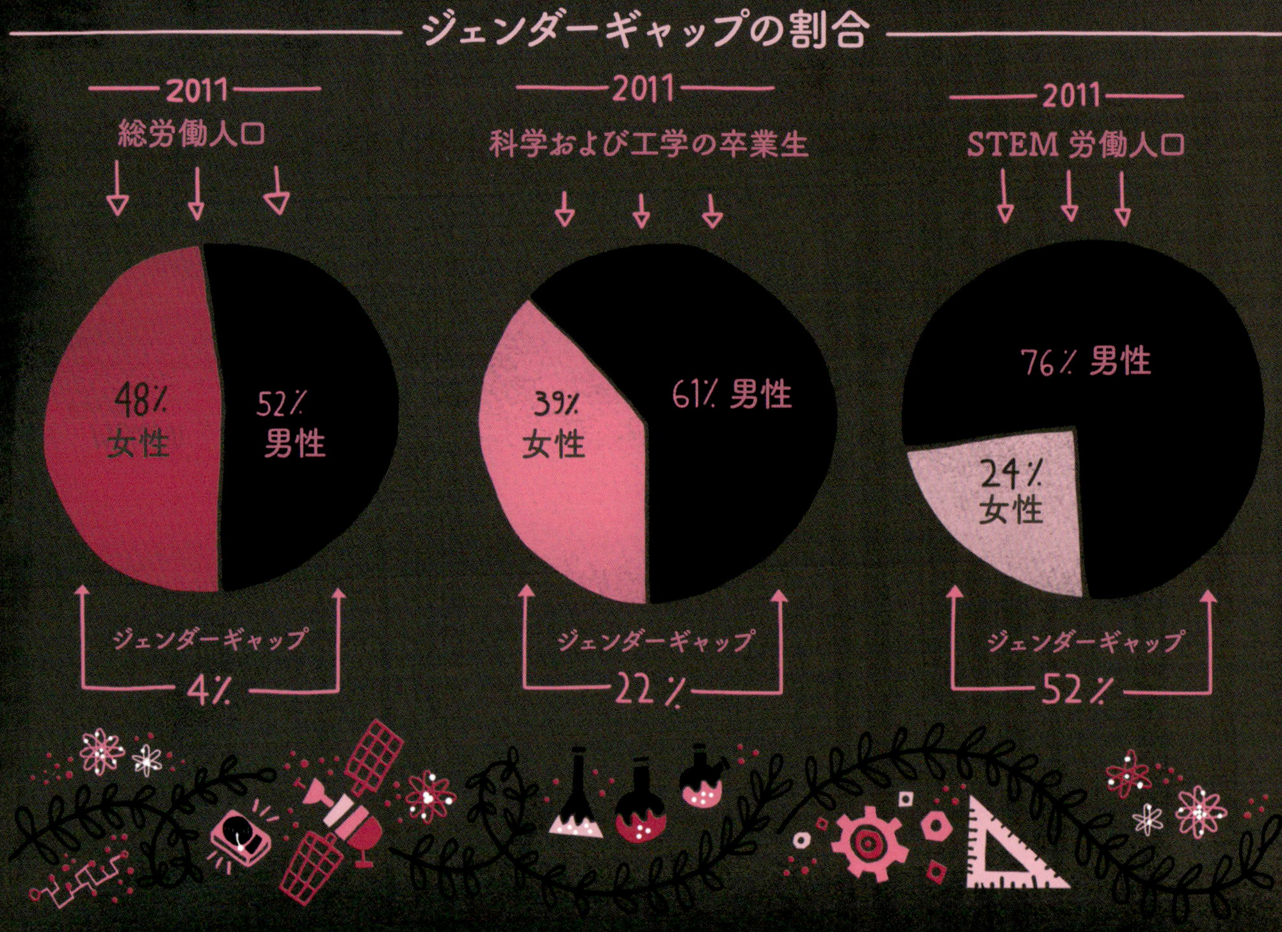

STEM 分野における女性の割合 1970-2011

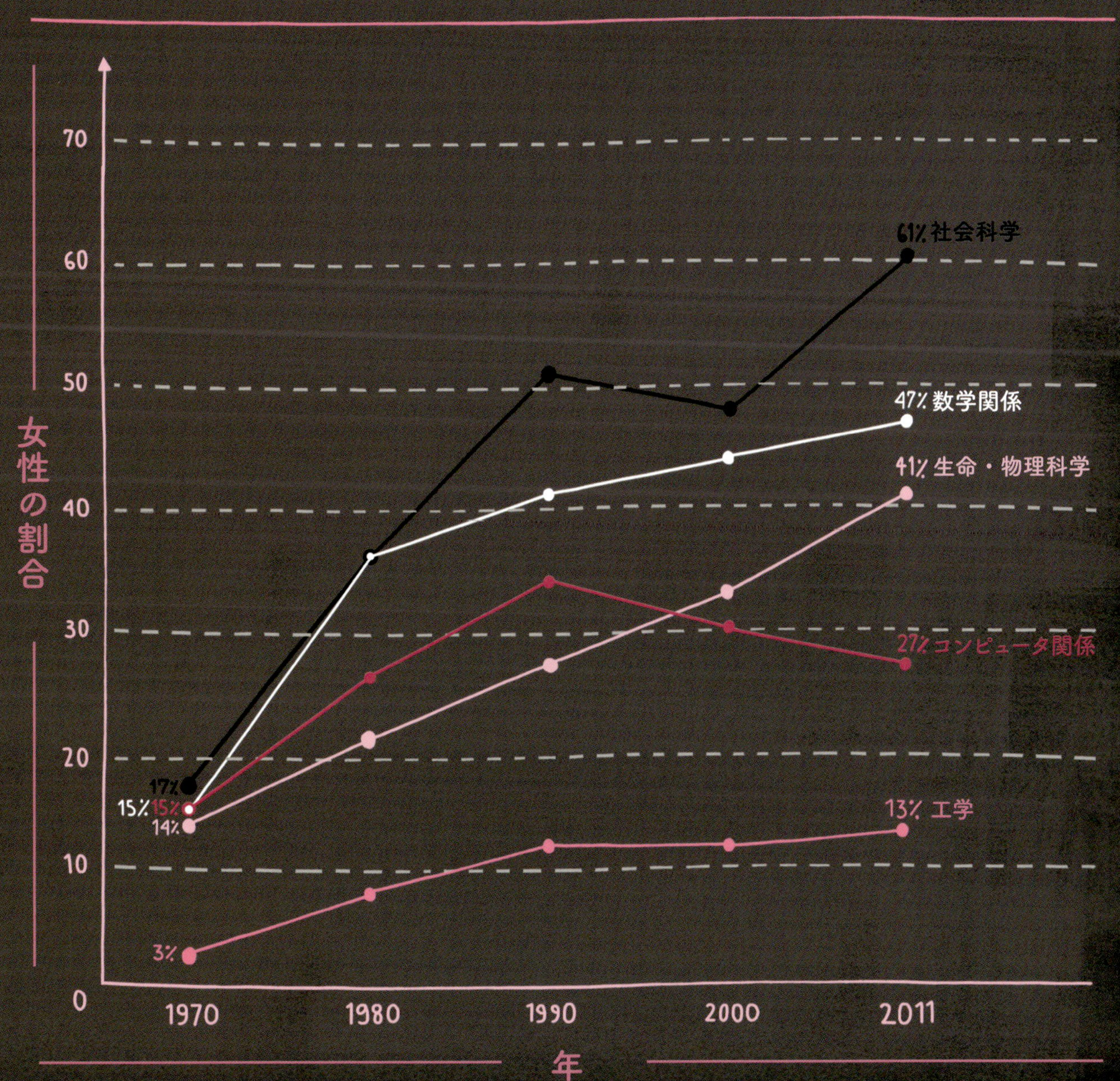

「まだまだたくさんの宇宙の謎が隠されたままです。それらは未来の冒険心ゆたかな科学者たちに発見されるのを待っているのです。素敵でしょう」——ヴェラ・ルービン

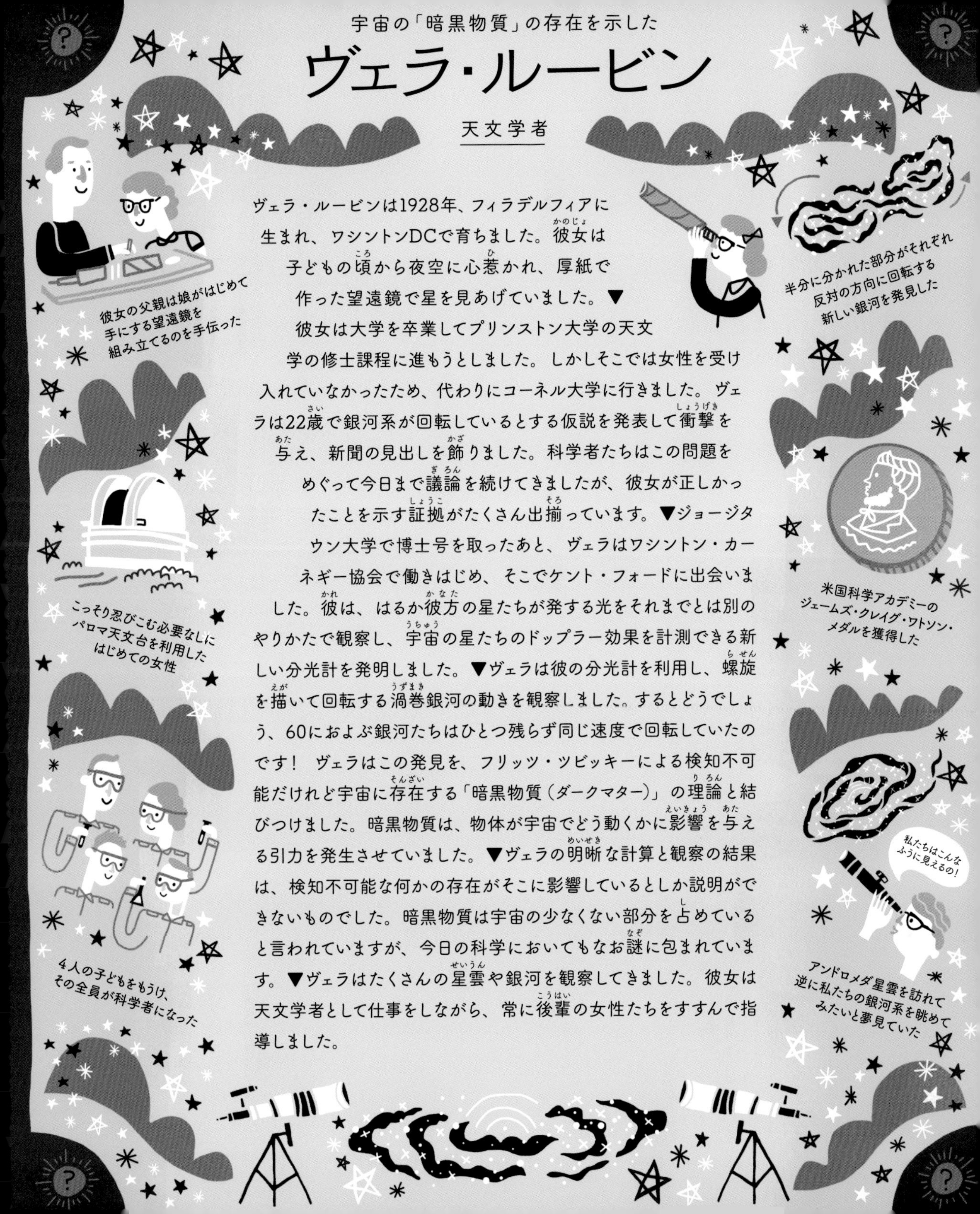

彼女の父親は娘がはじめて手にする望遠鏡を組み立てるのを手伝った
こっそり忍びこむ必要なしにパロマ天文台を利用したはじめての女性
4人の子どもをもうけ、その全員が科学者になった
半分に分かれた部分がそれぞれ反対の方向に回転する新しい銀河を発見した
米国科学アカデミーのジェームズ・クレイグ・ワトソン・メダルを獲得した
私たちはこんなふうに見えるの！
アンドロメダ星雲を訪れて逆に私たちの銀河系を眺めてみたいと夢見ていた

宇宙の「暗黒物質」の存在を示した

ヴェラ・ルービン

天文学者

ヴェラ・ルービンは1928年、フィラデルフィアに生まれ、ワシントンDCで育ちました。彼女は子どもの頃から夜空に心惹かれ、厚紙で作った望遠鏡で星を見あげていました。▼彼女は大学を卒業してプリンストン大学の天文学の修士課程に進もうとしました。しかしそこでは女性を受け入れていなかったため、代わりにコーネル大学に行きました。ヴェラは22歳で銀河系が回転しているとする仮説を発表して衝撃を与え、新聞の見出しを飾りました。科学者たちはこの問題をめぐって今日まで議論を続けてきましたが、彼女が正しかったことを示す証拠がたくさん出揃っています。▼ジョージタウン大学で博士号を取ったあと、ヴェラはワシントン・カーネギー協会で働きはじめ、そこでケント・フォードに出会いました。彼は、はるか彼方の星たちが発する光をそれまでとは別のやりかたで観察し、宇宙の星たちのドップラー効果を計測できる新しい分光計を発明しました。▼ヴェラは彼の分光計を利用し、螺旋を描いて回転する渦巻銀河の動きを観察しました。するとどうでしょう、60におよぶ銀河たちはひとつ残らず同じ速度で回転していたのです！　ヴェラはこの発見を、フリッツ・ツビッキーによる検知不可能だけれど宇宙に存在する「暗黒物質（ダークマター）」の理論と結びつけました。暗黒物質は、物体が宇宙でどう動くかに影響を与える引力を発生させていました。▼ヴェラの明晰な計算と観察の結果は、検知不可能な何かの存在がそこに影響しているとしか説明ができないものでした。暗黒物質は宇宙の少なくない部分を占めていると言われていますが、今日の科学においてもなお謎に包まれています。▼ヴェラはたくさんの星雲や銀河を観察してきました。彼女は天文学者として仕事をしながら、常に後輩の女性たちをすすんで指導しました。

「女性やマイノリティには何も与えられていません。平等な機会を獲得するためには闘いが必要でしたし、私たちは今日もなお闘っているのです」――アニー・イーズリー

ロケットや新燃料の開発に活躍

アニー・イーズリー

コンピュータプログラマー、数学者、ロケット科学者

アニー・イーズリーは1933年、アラバマ州に生まれました。当時の南部では、不公平なジム・クロウ法のもと、アフリカ系アメリカ人は選挙で投票するのに能力テストに合格しなければなりませんでした。そこで賢いアニーは、周囲の人々に読み書きを教えてあげていました。▼看護師になりたかったアニーは薬学の学位を取りました。クリーヴランドに引っ越して勉強を続けるつもりでしたが、そこの大学では薬学の課程は廃止されたばかりだったので、専攻を数学に変えました――そしてアメリカのロケット科学者の第一世代のひとりとなったのです。▼アニーは知人のふたごの姉妹がNACA（NASAの前身組織）で計算手として働いているという話を聞きました。彼女は自分にもその仕事ができると確信し、1955年にNACAのルイス研究所で働きはじめました。▼ソ連が1957年にスプートニク号を打ち上げて以来、NASAは総力をあげてロケットを宇宙に送ろうとしていました。1958年には、セントール計画の一環として新しい高エネルギーロケット発射装置の開発が進行中でした。アニーは人類の歴史上に現れたばかりのコンピュータプログラミングの仕事に取り組み、宇宙空間でのナビゲーションを可能にしました。1960年代以来、このNASAのロケットは、100回以上にわたって人工衛星や探査機を宇宙に送り出すのに使われています。▼1970年代、エネルギー危機が起こり、NASAは新しい燃料の開発に関心を向けました。アニーは発電所と新しい電池についての重要な調査を行い、太陽風を計測するプログラムを開発しました。彼女の電池にまつわる仕事は、今日のハイブリッドカーの基盤を築きあげました。▼アニー・イーズリーは柔軟でいること、自分自身を信じること、そして一生懸命仕事に打ちこむことがすばらしい成功への道だとわかっていたのです。

「賢い頭脳と人間的な心が共に働くときにのみ、私たちは自らの最高の能力を発揮することができるのです」

——ジェーン・グドール

チンパンジーの行動を調査

ジェーン・グドール

霊長類学者、動物行動学者、人類学者

ジェーン・グドールは1934年、イングランドに生まれました。彼女は幼い頃から動物たちに興味津々でした。▼成長したジェーンは野生生物について学びにアフリカへ行きたいと願っていました。大学に進むお金がなかったため、彼女はドキュメンタリー映画の制作アシスタントやウェイトレスの仕事をしながら夢を叶えるために貯金し、自費でケニアへと旅立ちました。▼そこで彼女は、先史時代の人間について研究している科学者のルイス・リーキーと出会いました。彼はジェーンの知識に感心し、秘書として雇いました。ジェーンはタンザニアのゴンベに赴いてチンパンジーに囲まれて生活するのに最適の人物でした。▼チンパンジーたちは最初ジェーンを信用しませんでした。しかし彼女がデヴィッド・グレイビアード（灰色のひげ）と名づけたチンパンジーがようやく恐れを克服して心を開きました。人間に慣れてゆくにつれ、チンパンジーたちは小枝を道具として使う姿など、それ以前に確認されたことのない行動を見せるようになりました。これは大発見でした。なぜなら当時の科学者たちは道具を使うのは人間だけだと考えていたからです。▼この有名な発見のあと、ジェーンはナショナルジオグラフィック協会の援助を得て、ゴンベに滞在し調査を続けました。彼女は研究を通じて、チンパンジーたちには複雑な社会的ヒエラルキーがあり、それぞれ個性を持ち、思いやりと残酷さの両方を備えていることを世界に示しました。彼女はチンパンジーとその生育環境を守ることを目的としたジェーン・グドール研究所や、若者たち主導の地域活動団体ルーツ&シューツなどの環境保護団体を立ち上げました。

▼ジェーンは国連と共に世界平和のために働き続けています。彼女は動物たち、そして私たち自身についての人々の理解を変えてきたのです。

『ターザン』の本がきっかけでアフリカへ行ってみたいという夢をふくらませた

研究対象のチンパンジーたちすべてに名前をつけていた――最も有名なのはデヴィッド・グレイビアード、ゴライアス、フロの３頭

ナショナルジオグラフィック協会によるジェーンについての特別番組が彼女を有名にした

「ジュビリー」というサルのぬいぐるみを子どもの頃から大切にしている

はじめてチンパンジーといっしょに過ごした際、母親も連れて行った

親のいないチンパンジーを自分の子どもとして育てるオスのチンパンジーに優しい心を見出した

「水がなければ命もありません。青がなければ緑もありません」――シルヴィア・アール

深海の探検家

シルヴィア・アール

海洋生物学者、探検家、潜水技術者

「深海の女王」
「チョウザメ将軍」
とあだ名
されている
HALF MILE DOWN
『半マイルの下』という本と、
ジャック・クストーの
スクーバ映画に触発された
TIME
1998年、
雑誌『タイム』が選ぶ
「地球のヒーロー」の
最初のひとりになった
環境に配慮した
海中探査をリードした
MISSION BLUE
環境保護団体
「ミッション・ブルー」で、
「ホープ・スポット」と
呼ばれる海の保護区域を
設けている
NOAA
NOAA
（米国海洋大気庁）
の首席科学官だったが
辞任した
そうして彼女は
乱獲の問題について
もっと自由に
語れるようになった

シルヴィア・アールは海底への旅によって特別な人々の一員となりました──まるで月面に着陸した宇宙飛行士のように、彼女は前人未踏のフロンティアに到達したのです。彼女は1935年、ニュージャージー州に生まれました。12歳のときにメキシコ湾に面したフロリダ州に引っ越し、そこでは海岸が彼女の遊び場になりました。▼1966年、シルヴィアはデューク大学で博士号を取得しました。ここで彼女は主に藻を研究していました。彼女はスクーバダイビングで2万点を越える藻の標本を収集し、論文を書きました。彼女は何度も海底探検に出かけ、1968年には女性としてはじめて沈没した潜水艦の気密室から海中に出てみせました。▼1969年、テクタイトプロジェクトと呼ばれる新しい水中施設での実験計画がはじまっていました。科学者たちが数週間にわたって、ヴァージン諸島のグレート・ラムズハー湾の水深15メートルで生活するのです。シルヴィアは全員が男性の任務に参加することはできませんでしたが、次回に参加したいと申し出て、翌年、全員女性のチームを率いることになりました。▼シルヴィアは世界中を旅して新たな深み（文字通り！）を探っていました。1979年、彼女はJIMスーツと呼ばれる、まるでひとり用の潜水艦のような潜水服に身を包み、命綱なしのダイビングによる潜水深度の世界記録を更新しました。ハワイ沿岸の太平洋の深くで、彼女は冷ややかな光を発する深海生物たちを観察しました。彼女は深海探査艇ディープローバー号の開発に協力し、1998年にナショナルジオグラフィック協会の探検家になりました。▼乱獲と環境汚染は海の生態系を破壊し、どんな生物も生きていけない酸欠海域を作り出しています。シルヴィアは講演や水中写真によって、海がしっかりと守られるよう呼びかけているのです。

「（宇宙空間で）はるか遠く離れていると、私たちを結びつけているものの重大さがわかります。みんなで共に進み、お互いの差異を克服しましょう」——ワレンチナ・テレシコワ

女性初の宇宙飛行士

ワレンチナ・テレシコワ

エンジニア、宇宙飛行士

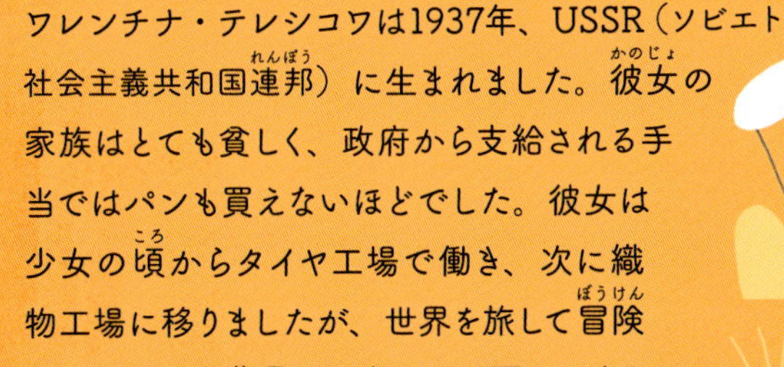

ワレンチナ・テレシコワは1937年、USSR（ソビエト社会主義共和国連邦）に生まれました。彼女の家族はとても貧しく、政府から支給される手当ではパンも買えないほどでした。彼女は少女の頃からタイヤ工場で働き、次に織物工場に移りましたが、世界を旅して冒険してみたいと夢見ていました。▼アメリカ合衆国とソビエト連邦の宇宙開発競争がはじまったとき、ソビエト側はアメリカより先に女性を宇宙に送り出したいと考えていました。

ワレンチナは趣味でパラシュート・クラブに参加し、飛行機から飛び降りるのを楽しんでいました。また彼女は共産党青年団の熱心な団員でもあったので、その候補にふさわしかったのです。▼訓練は肉体的に過酷でしたが、彼女は困難を乗り越え、史上初の女性宇宙飛行士に選ばれました。この計画は極秘中の極秘だったため、家族ですらワレンチナが何をしているのか知りませんでした。▼ワレンチナは1963年、ひとりボストーク6号に乗って宇宙に飛び立ちました。彼女は地球のまわりを48周し、新記録を打ち立てました。彼女が宇宙で撮影した写真は、人類が大気圏について理解を深めるのにおおいに貢献しました。▼地球へ帰る際には問題が続出しました。宇宙船のプログラミングに不具合があったため、彼女は吐き気をもよおし意識が混乱する中、手動で間違いを修正しなければなりませんでした。そのうち彼女は卒倒し、目覚めると鼻にあざができていましたが、なんとかパラシュートで脱出に成功しました。▼ワレンチナは女性がきわめて強いということを世界に知らしめました。宇宙飛行のあと、彼女は工学で博士号を取得し、宇宙飛行士の育成のために働きました。彼女は1968年に設立されたソビエト女性委員会の委員を務め、政界に進出しています。

子どもの頃は鉄道の運転士になって
ソビエト連邦をあちこち
旅してみたいと願っていた
彼女の公式コールサインは
「カモメ」だった

人々は彼女の着陸地に
牛乳とじゃがいもを
持って集まった

彼女にちなんで名づけられた
月のクレーターがある

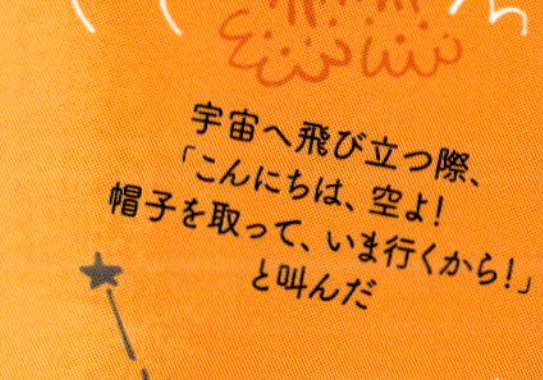

宇宙へ飛び立つ際、
「こんにちは、空よ！
帽子を取って、いま行くから！」
と叫んだ

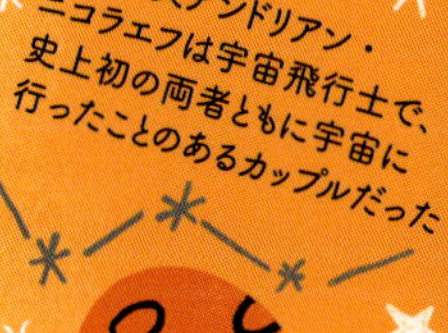

最初の夫アンドリアン・
ニコラエフは宇宙飛行士で、
史上初の両者ともに宇宙に
行ったことのあるカップルだった

彼女の新しい目標は
火星に行くこと

「真実のパワーを信じましょう……あなたの心が多数派の考えかたにとらわれないように」——パトリシア・バス

人々の目の健康を守った

パトリシア・バス

眼科医、発明家

パトリシアの母親は、はじめての化学実験セットを娘に与えた

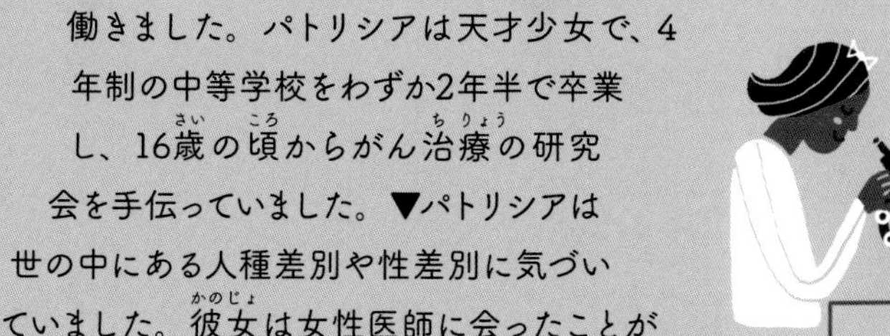

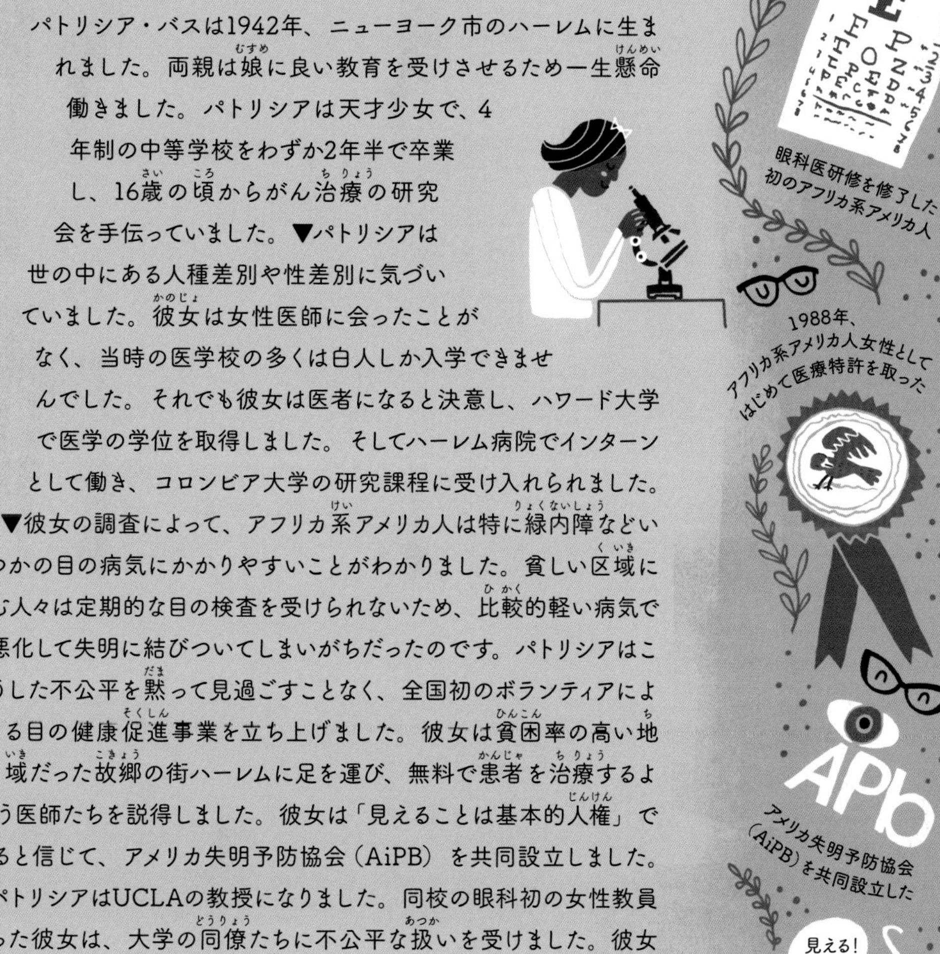

パトリシア・バスは1942年、ニューヨーク市のハーレムに生まれました。両親は娘に良い教育を受けさせるため一生懸命働きました。パトリシアは天才少女で、4年制の中等学校をわずか2年半で卒業し、16歳の頃からがん治療の研究会を手伝っていました。▼パトリシアは世の中にある人種差別や性差別に気づいていました。彼女は女性医師に会ったことがなく、当時の医学校の多くは白人しか入学できませんでした。それでも彼女は医者になると決意し、ハワード大学で医学の学位を取得しました。そしてハーレム病院でインターンとして働き、コロンビア大学の研究課程に受け入れられました。▼彼女の調査によって、アフリカ系アメリカ人は特に緑内障などいくつかの目の病気にかかりやすいことがわかりました。貧しい区域に住む人々は定期的な目の検査を受けられないため、比較的軽い病気でも悪化して失明に結びついてしまいがちだったのです。パトリシアはこうした不公平を黙って見過ごすことなく、全国初のボランティアによる目の健康促進事業を立ち上げました。彼女は貧困率の高い地域だった故郷の街ハーレムに足を運び、無料で患者を治療するよう医師たちを説得しました。彼女は「見えることは基本的人権」であると信じて、アメリカ失明予防協会（AiPB）を共同設立しました。▼パトリシアはUCLAの教授になりました。同校の眼科初の女性教員だった彼女は、大学の同僚たちに不公平な扱いを受けました。彼女はその後ヨーロッパに渡り、そこで優れた仕事を残しました。▼1986年、彼女は白内障を除去するための医療機器、レーザープローブを発明しました。これは世界中で視覚を回復させるにあたって大きな進歩となりました。パトリシアはAiPBと共同で、地球のあちこちに目の予防的ケアと視力回復手術を届け続けています。

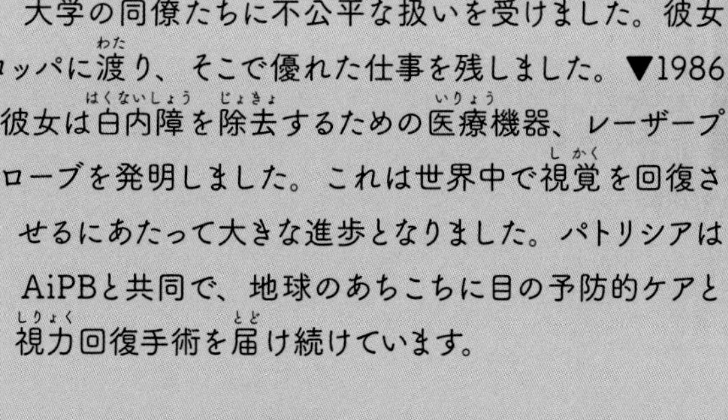

眼科医研修を修了した初のアフリカ系アメリカ人

1970年、ハーレム病院に手術ができる本格的な眼科を立ち上げた

1988年、アフリカ系アメリカ人女性としてはじめて医療特許を取った

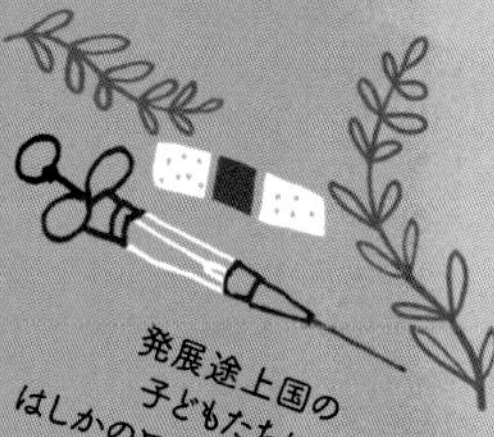
発展途上国の子どもたちにはしかのワクチンを接種した

アメリカ失明予防協会（AiPB）を共同設立した

アルベルト・シュヴァイツァー博士のハンセン病にまつわる仕事に触発されて医者を目指した

赤ちゃんのためのビタミン目薬

見える！

彼女はそれまで何十年にもわたって失明していた人々の視力を回復させた

「私はすぐにハエで研究をするのが大好きになりました。ハエたちは私を魅了し、夢の中まで私を追いかけてきました」――クリスティアーネ・ニュスライン＝フォルハルト

遺伝子のはたらきを解明

クリスティアーネ・ニュスライン=フォルハルト

生物学者

クリスティアーネ・ニュスライン=フォルハルトは1942年にドイツに生まれ、芸術一家で育ちましたが、彼女自身は植物や動物のほうに興味を持っていました。12歳の頃に生物学者になりたいと決意し、結果的に他の科目を無視することになろうとも目標に向かって熱心に勉強しました。▼当時ドイツの大学では、男性は数のうえで女性を大幅に上回っており、女性には家庭に収まることが期待されていました。それでも彼女は分子生物学で博士課程を修了したあと、遺伝学に集中して取り組むことにしました。▼彼女は研究にキイロショウジョウバエを使い、その発生の観察に夢中になりました。彼女は発生にまつわる疑問を追求しはじめました。たとえば、受精卵はどうやって複雑な動物になってゆくのでしょうか？　遺伝子はどんなふうに私たちの幹細胞に成長するよう指令を出しているのでしょうか？▼クリスティアーネはハエの胚を採取してそれらを突然変異誘発要因にさらすという骨の折れる研究に着手しました。こうしてハエのどの部分が突然変異の影響を受けるのかを見極めようとしたのです。この遺伝子操作実験と選別の単調な作業を経て、彼女のチームは成功を収めました。どの遺伝子が胚のパターン形成に関係し、どの遺伝子がハエの体の基本構造や体節を決めるのかを観察することができたのです。この業績により彼女は1995年のノーベル生理学・医学賞を受賞しました。▼この研究は人間の胚の発生、また種の進化についての理解を深めました。医師たちが先天性異常を検査し問題の原因はどこにあるのかを理解することにつながる道をひらいたのです。▼彼女は現在、突然変異遺伝子を研究するのにゼブラフィッシュを使っており、求められれば彼女の突然変異魚をほかの研究者たちに喜んで分け与えています。

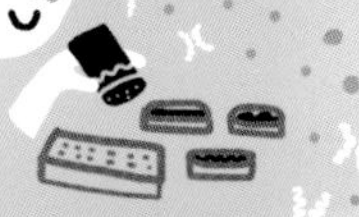

ハエの胚を採集するためのブロックシステムを開発した

子どもの頃は庭いじりが大好きでカタツムリや虫たちを集めていた

遺伝子研究のためにおよそ50万匹のゼブラフィッシュを所有している

LADY OF THE FLIES

新聞は彼女を「ハエの淑女」「ショウジョウバエ貴婦人」と呼んだ

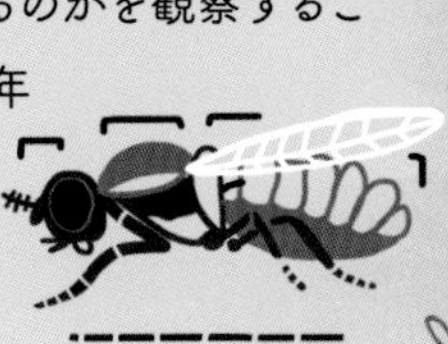

彼女はハエの夢をみた

頭部がなくしっぽが2本ある突然変異のハエを研究した

クリスティアーネ・ニュスライン＝フォルハルト基金は女性科学者に託児所の費用を援助している

火山の自然写真のパイオニア

夫のモーリス・クラフトと共同で
自分たちの火山研究所を立ち上げた

彼女の火山観測の成果は
政府が避難計画を練るのに役立った

「私にとって危険はたいしたことではありません……火山ではすべてを忘れてしまうのです」

——カティア・クラフト

命がけで火山調査に挑んだ

カティア・クラフト

地質学者、火山学者

現在、優れた火山学者にはクラフト勲章が贈られている

カティアとモーリスは1968年に自分たちの火山研究所を立ち上げた

カティア・クラフトは1942年、フランスに生まれました。彼女は火山に心を奪われ、ストラスブール大学で地質学を学び、そこで彼女と同じように火山が大好きなモーリス・クラフトと出会って結婚しました。▼カティアの研究生活は火山ガスのサンプルの採取からはじまりました。火山は危険で予測不可能なものですから、多くの科学者は怖がり、噴火を直接自分の目では観察していませんでしたが、このふたりは違いました。1970年代から80年代にかけ、彼女たちは火山活動をじかに観察して資料を集めました。カティアは写真、モーリスはビデオを撮影しました。▼ふたりは噴火する火山のすぐそば、わずか数メートルの場所で溶岩の粘性度とガスの成分を計測し、鉱物のサンプルを集めて、こうした火山の噴火が生態系にどのような影響を与えるのかを調査しました。▼彼女たちは新しい火山の誕生や、酸性雨と危険な火山灰雲の影響を目撃し、記録しました。あるときは正しい数値を測るためにボートに乗って酸の湖へと漕ぎ出しすらしました。これらの記録のおかげで、地方自治体と協力しあって防災と安全対策の仕事に取り組むことができました。彼女たちが最晩年に撮影したビデオ作品に、「火山災害を理解する」と「火山のリスクを減らす」があります。ふたりは調査のために限界を越え続け、噴火中の火山にもっと近づき、より長い時間を過ごすようになりました。しかし1991年、ついに命運が尽き、カティアとモーリスの命は他の科学者およびジャーナリスト41名といっしょに日本の雲仙普賢岳で奪われました。溶岩が急に流れを変えたのです。▼カティアは自分が愛した仕事に取り組んでいる最中に、自分が愛した人と共に亡くなりました。彼女の勇気と専門技能は、火山についてのより深い理解を私たちにもたらしたのです。

頭を岩石から守るために特製のヘルメットを着用した

クラフト夫妻はたくさんの本を共同執筆し、それらは世界のあちこちへの旅の資金になった

公共放送サービスPBSのテレビ番組「ネイチャー」のためにドキュメンタリー「火山ウォッチャー」を制作した

進路を変えた火砕流によって命を奪われた

「もし自分たちは（絶対的な真実に）到達したと思いこんでしまったら、私たちは探ることをやめ、発展することもなくなるでしょう」──ジョスリン・ベル・バーネル

断続的に光線を発する星、パルサーを発見

ジョスリン・ベル・バーネル

天体物理学者

ジョスリン・ベル・バーネルは1943年、アイルランドに生まれました。彼女の両親は女子生徒を科学の実験室に入れようとしなかった中学校に激怒して、娘を授業に参加させました。▼彼女はグラスゴー大学に進学しましたが、物理学部に女性はほとんどおらず、男性たちは講義に彼女が現れるたび声をあげ、見た目について何やら言ってきました。ジョスリンは堂々と胸を張って猛勉強し、1965年に優秀な成績で卒業しました。それからケンブリッジ大学の大学院に進み、1969年に博士課程を終えました。▼彼女はアントニー・ヒューイッシュの研究チームに加わり、大きな電波望遠鏡を作るのに協力しました。また、宇宙からやってくる電波の記録を読みとる仕事も任されていました。ある夜の午前2時頃、彼女は読み出したデータに「乱れ」があるのに気づきました。それは深宇宙から脈打ちながら届く電波でした。指導教官は地球外生命体が空の向こうから信号を送っているのかもしれないと考えました。▼ジョスリンはさらに多くの「乱れ」が天空のあちこちで繰り返されているのに気づきました。これらの電波はパルサーと呼ばれる小さく密度の高いタイプの星から放たれていたのです。このタイプの中性子星はまるで灯台のように光線を発します。彼女の仕事は指導教官がノーベル賞を受賞する助けとなり、星たちのライフサイクルを理解するのに利用され続けています。▼ジョスリンは英国の数少ない女性物理学教授のひとりとなり、現在も星とブラックホールの研究を続けています。すべての元素は爆発する星たちから生じており、したがって私たちは「星を原料にしてできている」のだということを、みんなに知ってほしいと彼女は願っているのです。

24歳でパルサーを発見した

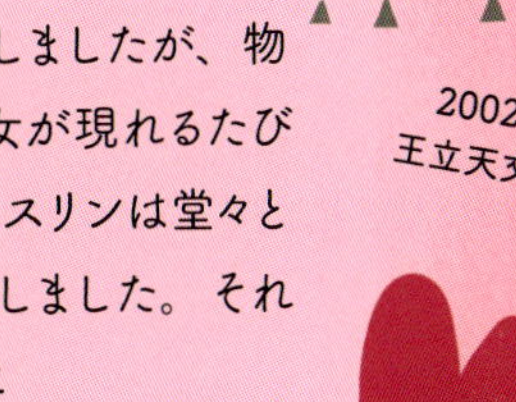

2002年から2004年まで、王立天文学会の会長を務めた

パルサーの信号は「LGM」こと「リトル・グリーン・メン（小さな緑の男たち）」とあだ名された

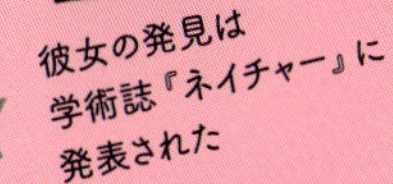

彼女の発見は学術誌『ネイチャー』に発表された

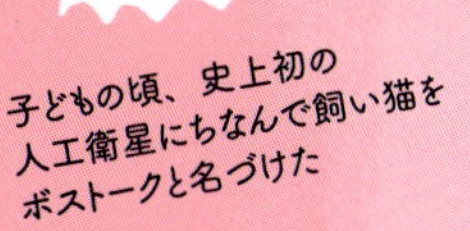

子どもの頃、史上初の人工衛星にちなんで飼い猫をボストークと名づけた

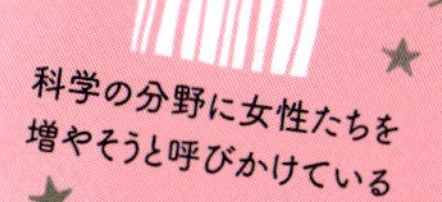

科学の分野に女性たちを増やそうと呼びかけている

「私はいつか経済的に男たちから独立するという強い決意を胸に育ちました」——呉秀蘭

ヒッグス粒子の発見に貢献

呉秀蘭（ウー・サウラン）

素粒子物理学者

呉秀蘭は1940年代前半、日本による占領下の香港に生まれました。呉秀蘭の母親は読み書きができませんでしたが、娘と息子に良い教育を受けさせるためなら何でもしました。▼呉秀蘭はアメリカの大学50校に入学願書を出しました。彼女はヴァッサー大学に合格し、全額支給の奨学金を獲得しました。そして最優秀の成績で卒業し、ハーヴァード大学の物理学の修士課程に進みました。▼ハーヴァードで博士号を取得した後、呉秀蘭はMIT（マサチューセッツ工科大学）、DESY（ドイツ電子シンクロトロン）、ウィスコンシン大学マディソン校で素粒子物理学の研究に取りかかりました。物質とその作用についての研究です。原子は陽子と中性子からできており、それらはクォークからできています。▼1974年、呉秀蘭はサミュエル・ティン率いる研究チームの一員として、チャームクォークの発見に携わりました。この成功を経て彼女は研究チームのリーダーになり、クォークをひとまとまりに結びつけている粒子グルーオンを発見しました。▼その頃、原子を構成する微粒子たちがいかに質量を発生させているのかはまだわかっていませんでした。1964年、質量はヒッグス粒子――普遍的に存在するヒッグス場の要素――と呼ばれる亜原子粒子によって決まるという理論が考え出されました。場における粒子たちの相互作用によって多かれ少なかれ質量が与えられているのです。▼2012年、呉秀蘭は複数の研究チームのひとつを率いて粒子加速器を利用し、ヒッグス粒子の発見に貢献しました。それは「干し草の山、しかもサッカースタジアムほど大きい中から一本の針を見つけるようなものです」と彼女は言いました。▼呉秀蘭は世界の第一線で活躍する素粒子物理学者として、この宇宙のあらゆるものが何でできているのかについて研究と教育を続けています。

VASSAR COLLEGE

大型ハドロン衝突型加速器は全周27kmである

EPS

1995年に欧州物理学会の高エネルギー物理学賞を受賞した

アメリカ芸術科学アカデミーの会員である

彼女は少なくとも3つの大発見をするという目標を個人的に定め、達成した

ヒッグス粒子は俗に「神の粒子」と呼ばれている

彼女はブルックヘイヴン国立研究所のサマースクールで素粒子物理学に出会った

彼女のヒーローは自分のお母さんだ

マリー・キュリーの伝記を読んで科学者を志した

「人に助けを求めることを恐れてはいけません——そして助言を無視することも！」

——エリザベス・ブラックバーン

長寿の秘訣は染色体にあり

エリザベス・ブラックバーン

分子生物学者

エリザベス・ブラックバーンは1948年、オーストラリアのタスマニアに生まれました。オタマジャクシ、クラゲ、ウサギ、ニワトリたちはみんな彼女の遊び友達になりました。動物への愛情が、彼女の生物学への情熱につながったのです。▼エリザベスはオーストラリアで修士課程を修了したあと、イギリスで博士号を取るために故郷をあとにしました。ケンブリッジ大学ではバクテリオファージのDNA配列についての博士論文を書きました。彼女はさらに研究を深めるためにアメリカへ渡りました。▼1970年代、染色体の末端の構造がどうなっているのかはまだわかっていませんでした——顕微鏡の下で、それらはただのぼんやりしたシミのように見えました。エリザベスはテロメアという染色体の両端の部分にある特別な種類のDNAが、いわば安全キャップのようなはたらきをしていることに気づきました。テロメアはDNAの塩基配列の繰り返し構造で、重要な情報を保護しており、細胞分裂が起こるたびに少しずつ短くなってゆきます。私たちが年をとるにつれてこの安全キャップはすり減って、染色体が損なわれてしまうのです。このDNA情報の喪失によって細胞がうまくはたらかなくなり、がんや臓器不全やアルツハイマーといった病気が引き起こされます。▼1984年、エリザベスは大学院生のキャロル・グライダーと共同で、テロメアを健康な長さに再構築する酵素テロメラーゼを発見しました。2009年、彼女はノーベル生理学・医学賞を受賞しました。▼エリザベスの研究によって「テロメアが多すぎるとがんが発生し、少なすぎると加齢の影響が出る」ことがわかりました。健康的なテロメアの長さを保つことが直接的に長寿と健康をもたらすのです。彼女は長寿の科学を理解するためにいまなお研究を続けています。

運動、睡眠、低ストレス、健康な食生活が、テロメアを健やかに保つ助けになると証明されている

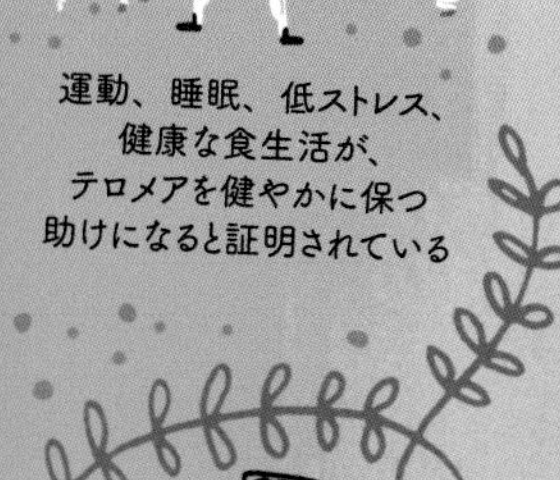

イェール大学、カリフォルニア大学サンフランシスコ校、バークレー校に勤務した

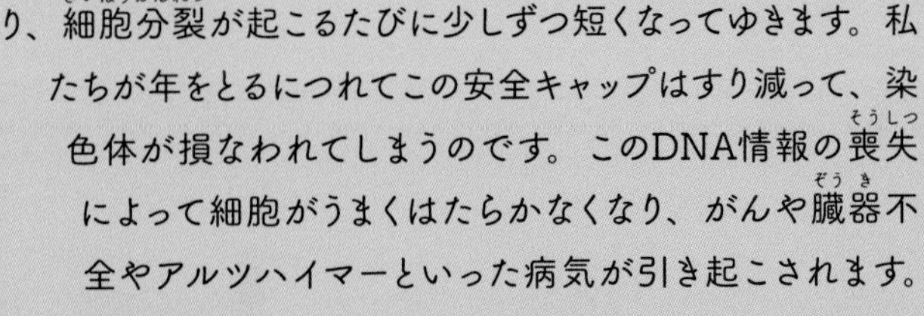

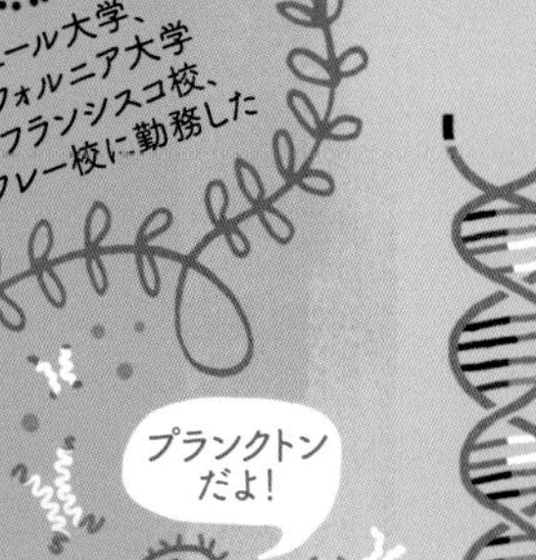

テロメアを研究するのにテトラヒメナと呼ばれる原生動物を用いた

1998年度にアメリカ細胞生物学会の会長を務めた

2007年、雑誌『タイム』の「私たちの世界をかたちづくった100人」のひとりに選ばれた

エリザベスはバーバラ・マクリントックに会った際、「自分自身の直観を信じなさい」と言われた

「エンパワメント（力をつける）とは、まず第一に、自分には参加する権利があるのだと理解すること。第二には、自分は何か重要なものを持っていて貢献できるのだということ。そして第三に、それを活かすのに危険を冒す覚悟が必要になるということです」――メイ・ジェミソン

スペースシャトルで宇宙を旅した

メイ・ジェミソン

宇宙飛行士、教育者、医師

メイ・ジェミソンは、自分はいつか宇宙へ行くと信じていました。1956年にアラバマ州で生まれシカゴで育った彼女はアポロ計画に夢中になりましたが、宇宙飛行士には自分のような見た目をしている人間がひとりもいないことに気づきました。しかし彼女の大好きなSFテレビドラマ『スタートレック』の中では、さまざまな性別や人種の人々が共に働いていました。これは若きメイに強烈な印象を与え、登場人物のウフーラ大尉は彼女のお手本になりました。▼メイはスタンフォード大学で化学工学とアフリカン・アメリカン・スタディーズの両方を専攻しました。それからコーネル大学で医師になりました。彼女は平和部隊の一員としてシエラレオネとリベリアで数年働きました。▼メイはNASAに志願し、1992年には宇宙に行く初のアフリカ系アメリカ人女性になりました。彼女はスペースシャトルのエンデバー号に搭乗する際、アルファ・カッパ・アルファ（女子学生クラブ）の旗と、西アフリカに伝わるブンドゥー（女性の結社）の像と、踊るジュディス・ジェイミソンのポスターを持っていきました。宇宙空間でアフリカおよびアフリカ系アメリカ人の文化が示されることを願ったのです。▼翌年、彼女はNASAを辞め、自身の技術コンサルティング会社ジェミソン・グループなどいくつもの会社の経営に乗り出しました。彼女は医師が患者の神経系の機能を毎日モニターできるようにする装置を製造するバイオセンティエント社の設立者でもあります。▼メイは100年スターシップ計画の最高責任者に就任しました。その目標は今後100年のあいだに人類が別の太陽系まで旅することができるようにすることです。メイ・ジェミソン博士は地上の問題解決に力を注いでいますが、それと同時に彼女の瞳はいまもなお遠くの星たちを見つめているのです。

患者の診察をしているあいまに宇宙飛行士に採用されたという報せを受けた

子どもの頃、父親に記憶と推測力をきたえるカードゲームを教わった

宇宙で8日間の任務についた

彼女が宇宙から見て最初にどこだかわかった場所は、故郷の町シカゴだった

宇宙では骨細胞に関する実験を行った

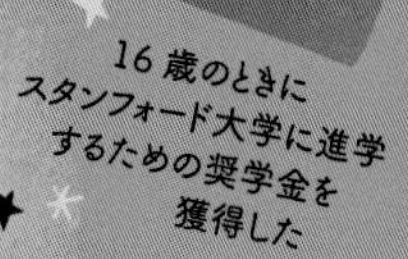

16歳のときにスタンフォード大学に進学するための奨学金を獲得した

SFテレビドラマ『新スタートレック』にゲスト出演した

子どもたちのための科学キャンプ「わたしたちの地球」を設立した

彼女はダンサーでもある

「良いデザイナーと良い研究者には共通するところがたくさんあります。どちらも優れた質と完璧さを追い求めます。そして本当に細かなところに目を配らねばならず、最終的な結果がどんなものになるかは、実際にやってみるまでわからないのです」――マイブリット・モーセル

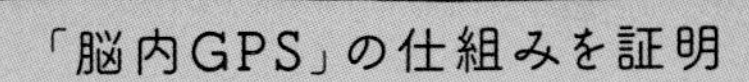

「脳内GPS」の仕組みを証明

マイブリット・モーセル

心理学者、神経科学者

マイブリット・モーセルは1963年、ノルウェーに生まれました。彼女の両親は大学に行っていませんでしたが、いつも娘が夢を追うのを応援していました。▼マイブリットはオスロ大学で心理学を専攻しました。彼女は高校時代から知り合いだったエドバルド・モーセルと恋に落ち、結婚し、研究のパートナーにもなりました。実験用ラットの行動研究に魅せられ、脳についてさらに深く知りたいと願いました。ふたりは1995年に神経生理学の博士号を取りました。▼人間の脳のはたらきはいまもなお謎めいています。自分がどこにいるのかをわかって家への帰り道を覚えているといったごく単純な任務が、記憶と情報と脳について複雑な疑問を投げかけます。ふたりは人間がいかに空間を把握して動くのかを理解したいと考え、迷路を通り抜けようとするラットの脳のはたらきを観察する実験を重点的に行いました。▼2005年、ふたりは格子（グリッド）細胞という新しいタイプの神経細胞を発見しました。格子細胞は嗅内皮質の中にあり、海馬の場所細胞と相互作用します。ラットが迷路を通ろうとするとき脳内にはこれらの格子細胞をもとにした「座標」地図が作り出されるのです。こうしてラットは重要な場所の記憶との関連性をもとに、自分の位置を把握することができます。▼私たちは新しいところに行くたびに、まるでGPSシステムのようにこれらの格子細胞と場所細胞を用いて頭の中に地図を作り出しているのです。格子細胞は私たちの記憶機能に必要不可欠であり、これらについて理解することは、アルツハイマー病など記憶に関連する病気を治療するにあたって役立つのです。▼2014年、マイブリットとエドバルドは共同でノーベル生理学・医学賞を受賞しました。マイブリットは現在も人間の頭脳の研究を続け、その秘密の鍵を開けています。

私たちの脳の格子細胞はすべて規則正しく三角形および六角形を描くように配置されている

彼女は匂いがいかにして記憶をよみがえらせるのかについての論文を発表している

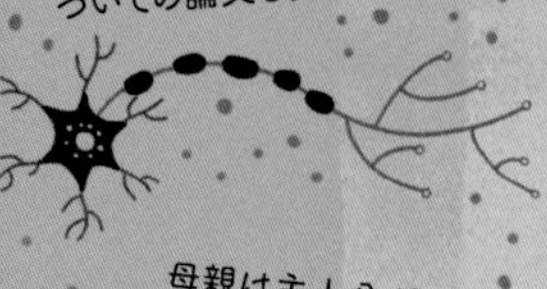

母親は主人公が頭を使うおとぎ話をマイブリットに読み聞かせた

ストレスがいかに記憶障害を引き起こすかについて研究している

マイブリットとエドバルドにはふたりの娘がいる

格子細胞の模様が刺繍されたドレスを着てノーベル賞授賞式に参加した

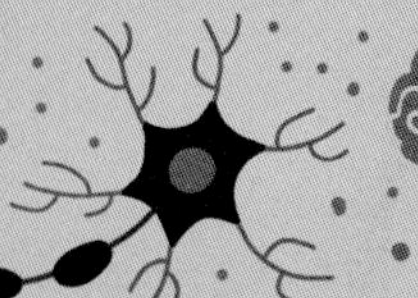

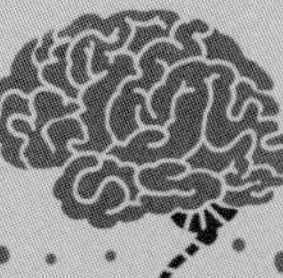

「数学の美しさをわかるためには、いくらか労力を注いで頑張る必要があります」——マリアム・ミルザハニ

双曲幾何学の天才

マリアム・ミルザハニ

数学者

マリアム・ミルザハニは1977年、イランに生まれ、手あたり次第に本を読みながら育ちました。高校に入って国際数学オリンピックの参加申しこみ用紙を手にしたのをきっかけに数学に目覚め、そのとき通っていた女子校に、男子校と同等のレベルの高い授業をするよう要求しました。▼マリアムはハーヴァード大学の院に進学するためにアメリカにやって来ました。彼女はある形状の面とそれが歪んだときに何が起こるのかに興味を寄せるようになりました。彼女は数学の美しさを見つけることを楽しみ、双曲曲面に注目しました。▼双曲ドーナツは抽象的な形です。これらを理解するには、直線、つまり「シンプルな」測地線を内側に見つけなければいけません。これが信じられないくらい難しいのです。マリアムは双曲構造の側面の長さとシンプルな測地線との関係を示す方程式を考え出しました。彼女の仕事はカーブした形状と面を理解するための基礎となっています。▼数学にはまた別の解決されていない問いがありました。摩擦のない環境において、ビリヤードの球は台の壁にあたって永遠にバウンドし続けます。では、はたして任意の角度から打たれたボールは、最後には常にはじめの場所に行き着くのでしょうか？　この問題はすごく複雑で、コンピュータでさえ計算できないのです！▼マリアムはこの問題を解くにあたって別の方向から考えました。ボールを台上のあちこちに動かす代わりに、彼女は台のほうをボールの周りに反映させたのです。この考えかたは素粒子の動きの研究にも取り入れられ、幾何学、物理学、量子論への理解を深めました。▼2014年、マリアムはフィールズ賞を受賞しました。この栄誉を受けた女性は史上初です。マリアムはスタンフォード大学で働き、数学の新境地を切りひらきました。

フィールズ賞は数学のノーベル賞にあたると考えられている

子どもの頃、1から100までのすべての数字を足す数学問題について兄から聞き、心惹かれた

彼女はタイヒミュラー力学とモジュライ空間についての重要な仕事をした

モジュライ空間の位相的測定に関するエドワード・ウィッテンの理論に新たな証明を与えた

マリアムと彼女の友達は、女の子としてはじめて国際数学オリンピックのイランチームに参加し、金メダルを獲得した

大きな紙にさまざまな双曲型空間の図形を描いて、それらをより深く理解しようとした

まだまだいる女性科学者たち

イレーヌ・ジョリオ＝キュリー

1897-1956

マリー・キュリーの娘で、ノーベル化学賞を受賞。実験室で人工放射性元素を作り出す方法を開発した。

ジャナキ・アマル

1897-1984

サトウキビの異種交配について重要な研究を行った植物学者。インド植物調査局で働いた。

アンナ・ジェーン・ハリソン

1912-1998

原子がどうやって分子になるのかを研究し、アメリカ化学会初の女性会長に就任した。

シャーリー・アン・ジャクソン

1946-

物理学者でレンセラー工科大学の学長。MIT で博士号を取得した初のアフリカ系アメリカ人。

リンダ・バック

1947-

私たちが匂いを理解するのに嗅神経をどう使っているかの研究でノーベル生理学・医学賞を受賞した。

フランソワーズ・バレ＝シヌシ

1947-

HIV を発見してノーベル生理学・医学賞を受賞したウイルス学者。

マリア・ミッチェル

1818-1889

アメリカ初の女性天文学者。「ミッチェル彗星」を発見した。

エミリー・ローブリング

1843-1903

ニューヨークのブルックリン橋の建設計画で指揮を執ったアメリカのフィールドエンジニア。

ソフィア・コワレフスカヤ

1850-1891

偏微分方程式を研究し、コーシー＝コワレフスカヤの定理を考え出したロシアの数学者。

メアリー・リーキー

1913-1996

「ミッシング・リンク」と呼ばれるヒトの祖先の化石を発見し、人類の進化についての考えかたを変えた。

イーディス・フラニガン

1929-

分子ふるいを用いて原油を加工したり水を浄化したりする方法と、合成エメラルドなどの新素材を作る方法を発明した化学者。

アダ・ヨナス

1939-

リボソームの構造を解明し、2009年のノーベル化学賞を受賞したイスラエルの結晶学者。

サリー・ライド

1951-2012

宇宙へ行った初のアメリカ人女性であり、カリフォルニア宇宙協会の会長を務めた。

テシー・トーマス

1963-

長距離弾道ミサイルの開発に携わったインドのエンジニア。

次の偉大な科学者はあなたかも！

女性たちはあらゆるところで次の大発見のために一生懸命働き、学び、研究しています。

おわりに

女性たちは人口の半分を占めており、その頭脳の力を無視してはなりません――人類の進歩は私たちが知識と理解を絶えず求め続けることができるかどうかにかかっています。この本の女性たちは、性別や人種や育ちにかかわらずどんな人でも偉大な仕事を成しとげることができるのだと世界に証明しました。彼女たちの偉業は生き続けます。今日も世界中の女性たちが、勇敢に研究に打ちこんでいます。

こうした先駆者たちを讃えることで、新しい世代のやる気も刺激されます。私たちは共に力をあわせて、彼女たちがまだ知らなかった部分に着目し、知識を追い求め続けることができるのです。

さあ、どんどん外へ出て新しい問題に取り組み、自分なりの答えを考え、自分だけの新発見を目指して、なんでも学んでいきましょう！

用語集

遺伝学

DNA、染色体、遺伝子のはたらき、私たちの親や祖先から受け継がれてきた遺伝子は時を経てどう変わってきたのか、それらが生体にどんな影響を与えているのかについての研究。

インシュリン

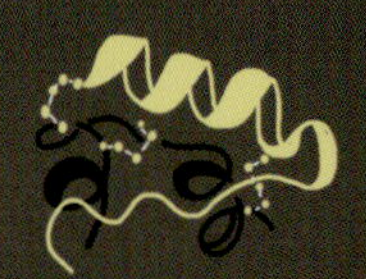

私たちの体が糖つまりグルコースを処理してエネルギーにしたり、たくわえたりするのを助けるホルモン。

ウイルス

細胞よりも小さく、生物とはみなされない感染因子。他の細胞に感染することでのみ増殖し、病気を引き起こす。

X線結晶学

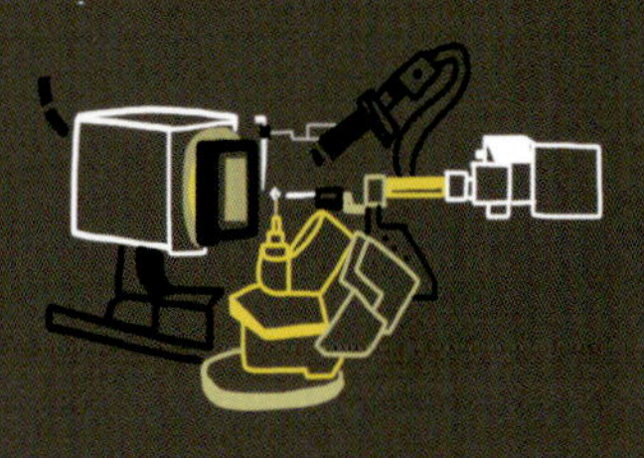

結晶化した物質にX線のビームを照射する研究手法。ビームはさまざまな方向に進み、この角度を計測し解析することで、分子や原子の三次元構造を理解することができる。

化石

長い時間にわたってかたちをとどめたまま石化した古代の動物や植物。古い恐竜の骨のような化石は、岩の中にはまっていることがある。足跡のように岩に刻まれていることもある。

環論

「環」の研究。数学において、環とは加法（たし算）と乗法（掛け算）が定義されている数の集まりを指す。

クォーク

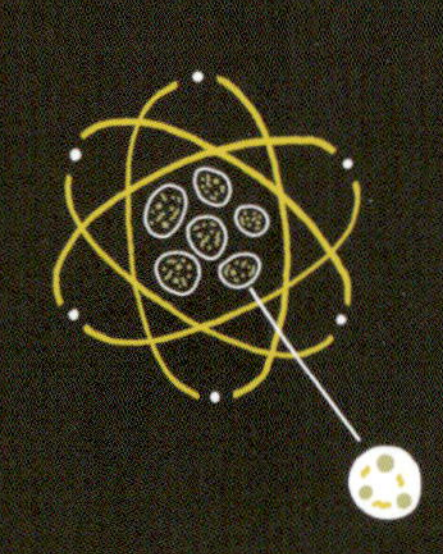

複合粒子を構成する原子よりも小さい粒子の一種。中性子と陽子はクォークでできている。現在、アップ、ダウン、ストレンジ、チャーム、ボトム、トップの6種類のクォークが確認されており、こうした種類のことはフレーバーという。クォークについてはまだまだわかっていないことがたくさんある。

グルコース（ブドウ糖）

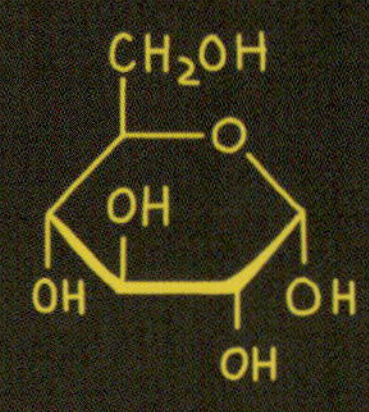

人間のエネルギー源として重要な糖分子。たとえば、あなたがドーナツを食べるとき、砂糖と炭水化物はすべて消化され分解されてグルコースになる。

原子

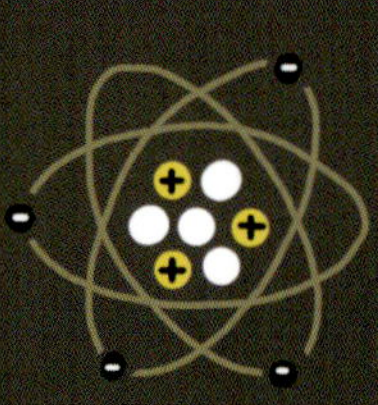

物質の最小単位。その中心である原子核は、プラス電気を帯びた陽子と中性子からなり、マイナス電気を帯びた電子に囲まれている。いくつかの原子が組みあわされるとき、分子ができる。

元素

一種類だけの原子からできている物質のこと。たとえば金やヘリウムなど。

抗ウイルス剤

ウイルス感染との闘いに特化された薬品。

恒星スペクトル

恒星の光を分光器を通して観察したときに見える虹色の光と暗い切れ目。

コモドオオトカゲ

トカゲ類で最大の種。毒を持ち、場合によっては非常に危険。インドネシア原産。

コンパイラ

COBOL（コボル）のようなプログラミング言語を、機械に理解できるように翻訳するコンピュータプログラム。

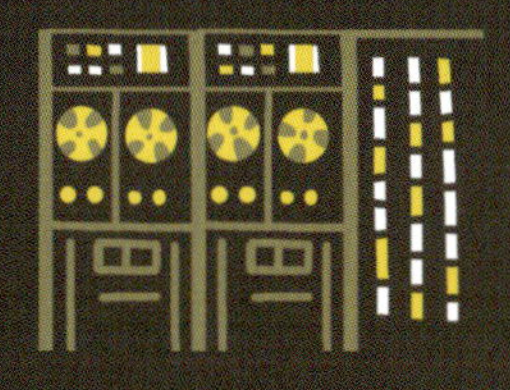

細胞

生命の最小の単位。アメーバやバクテリアはひとつの細胞からなる。植物と動物の器官を作り出す組織を構成する要素でもある。

社会的ヒエラルキー

人間あるいは動物が、他者より優位に立って食べものや資源を利用できるよう、自分たちを組織した上下関係。

食

宇宙空間で3つの天体が一列に並び、端の天体が発する光がもう一方の端の天体まで届くのを、真ん中の天体がさえぎるときに起こる現象。たとえば、月食の場合、地球は月と太陽のあいだに並び、月に影を落として太陽からの光をさえぎる。日食の場合、月が地球と太陽のあいだに並び、地球に影を落として、太陽の眺めとそこからの光をはばむ。

植物学

英語で「植物」は Plants だが「植物学」は Botany という。

神経細胞

化学物質や電気信号を通じて私たちの脳に情報を送る細胞で、ニューロンの名でも知られている。これらの細胞が私たちに五感で感じさせ、記憶と思考を持たせ、体に動くよう指令している。

神経成長因子

新しい細胞を育て、神経細胞を修復し維持する際に重要なタンパク質。私たちの全身をめぐっており、私たちが生き続けるために重要。

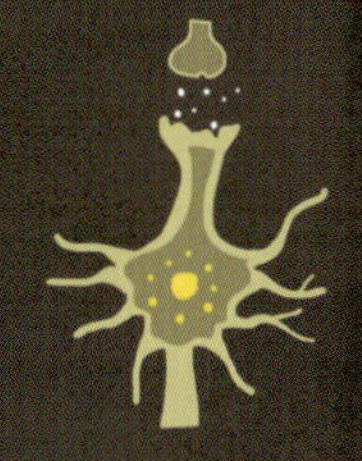

生態系

共に生きている生物たちと、それらを取りまく大気、水、土壌などとの相互作用が集まったもの。

染色体

密に折りたたまれ束になったひも状のDNA。これらは細胞核の中にあり、細胞のはたらきを指示している。

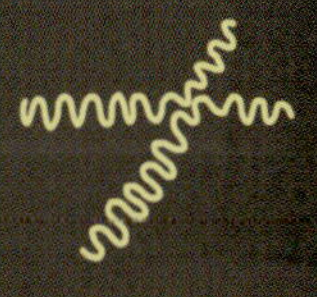

地形学

地球の表層がその誕生以来どんなふうに変わってきたのかの研究。たとえば、山や大陸はどのようにかたちづくられてきたのかなど。

DNA

私たちの遺伝子情報が含まれている分子で連なった糸。両親から受け継がれ、私たちの細胞と体にどんなふうに成長し、再生産し、機能するべきかの情報を伝える。あらゆる生物はDNAを持っており、それは細胞ひとつひとつの核の部分に収められている。

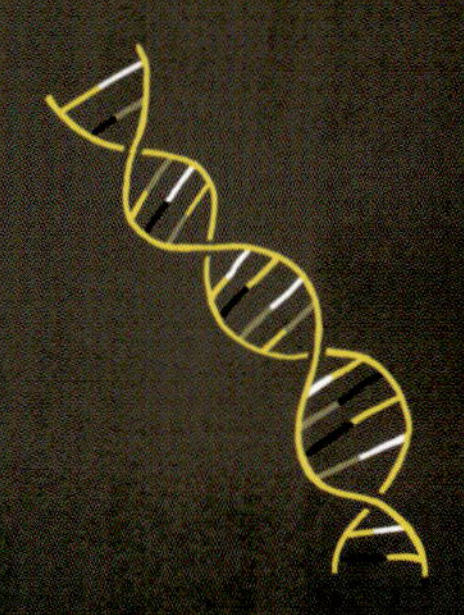

電弧

ふたつの電流が、そのあいだまたは周りにある空気やガスをイオン化するとき、放電プラズマが生じる。すると通常は伝導性のない気体中を電流が流れることになる。稲妻は自然に起こる電弧の例。

同位体（アイソトープ）

同一の種類の原子核の中性子数が異なる場合に生じる。同じ原子にさまざまな同位体が存在し、原子の質量はさまざまだが陽子数は一定である。

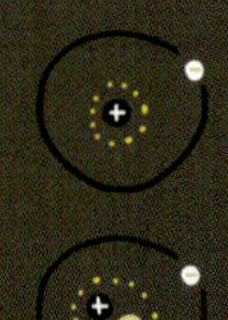

突然変異

ある生物の個体の遺伝子配列が、その後ずっと変わってしまうこと。生殖の過程のDNA複製で遺伝情報の一部が消えたりつけ加わったりして発生する。

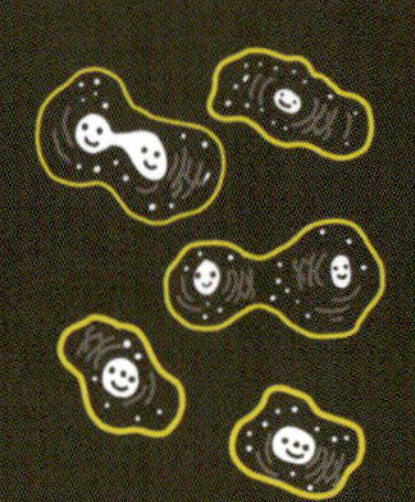

奴隷制度廃止論者（アボリショニスト）

奴隷制度および奴隷売買を廃止させるために行動した活動家。

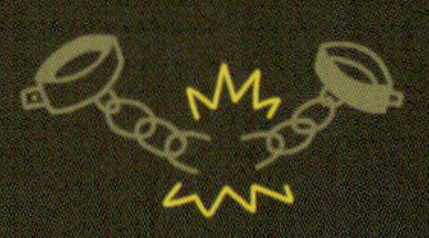

NASA（ナサ）

米国航空宇宙局。

乳酸

私たちが運動する際に筋肉の中で生じる分子。ゲルティおよびカールのコリ夫妻が発見したコリ回路で作られる。

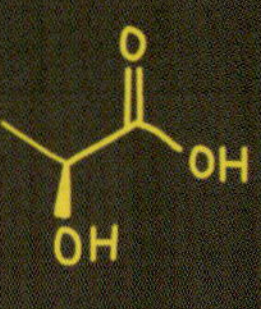

人間工学（エルゴノミクス）

人間にとって使いやすい道具や生活しやすい環境を探る研究。人間工学は、私たちの体の動きかたにあわせて快適に作動する道具を設計するのに役立っている。

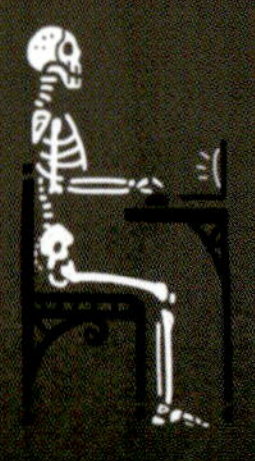

人間コンピュータ

機械式コンピュータが開発される前には、複雑な計算もたくさんの人間たちのグループによって処理されていた。ひとりひとりが計算の一部を担当し、力をあわせて問題を解いていた。

ネーターの定理

物理的作用に何らかの対称性が認められるとき、それに対応する保存則が存在する（たとえば質量、エネルギー、運動量など）。

ノーベル賞

年に1度授与される賞で、部門は物理学、化学、生理学・医学、文学、経済学、平和がある。国際的に最大級の名誉ある賞とみなされている。

バクテリア

あらゆるところにいる単細胞生物の一種。たくさんの種類があり、植物や動物にとっては、便利なものも、有害なものも、役立つものもある。たとえば、あるものは私たちを病気にさせ、あるものは食事を消化するのを助ける。牛乳をチーズに変えるのを促したりもする。

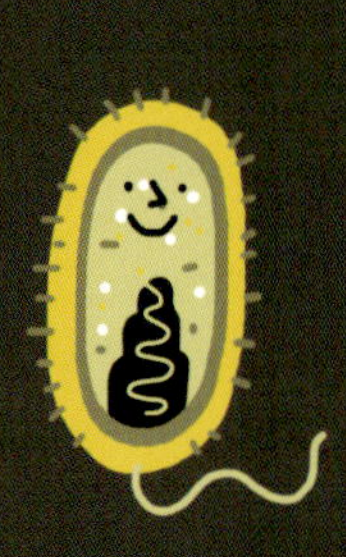

バクテリオファージ

バクテリアを攻撃し、感染して、その内側で増殖するウイルス。

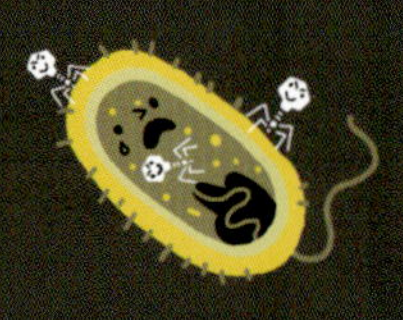

爬虫両生類学

ヘビやトカゲなどの爬虫類とカエルなどの両生類についての研究。

パルサー

電磁放射のビームを発する中性子星。ビームは星の磁極から放出されており、星が回転するのにあわせて灯台のように一定の周期を刻む。

パンチカード

その名の通りさまざまな場所にパンチで穴が開けられた厚紙のカード。コンピュータに指示を与える手段のうち最初期のもののひとつだった。

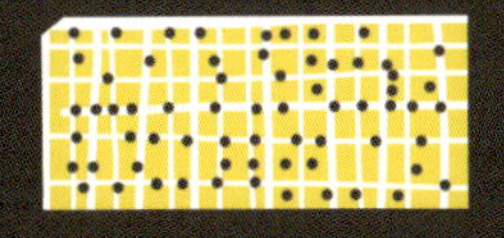

婦人参政権論者（サフラジスト）

女性の選挙権獲得のために闘った活動家。

フロイト理論

精神医学と呼ばれる社会科学のうちの考え方のひとつ。私たちの無意識の欲望と意識的に選択された行動の相互作用に注目する理論で、現代精神分析の父ジークムント・フロイトにちなんで名づけられた。

分光器

プリズムを使って光を電磁スペクトルにのっとった虹色に分解する装置。原子がそれぞれ異なる振動数の光を吸収する性質を利用して、天文学と化学に使われる。光を分解し、それぞれの強度と波長を計測し、黒い線の部分を探すことで、科学者は光の中から異なる原子を読みとることができる。

ベータ崩壊

原子核崩壊の一種で、原子核の陽子が中性子に（または反対に中性子が陽子に）変わってベータ粒子が放出される。

変態

動物が生涯のある段階から次の段階へと劇的に変身する過程のこと。たとえば、イモムシはさなぎを経て蝶になる。

放射線技術

放射線照射は骨の診察やがん治療に利用されているが、放射線を浴びすぎると、がんや放射線障害が引き起こされる。

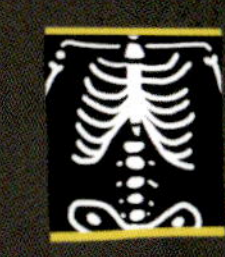

放射能

原子核が変化するときまたは不安定になるときにエネルギーを放出する性質。この放出には、アルファ粒子、ベータ粒子、ガンマ線、電磁波が含まれている場合がある。

マンハッタン計画

第二次世界大戦中、アメリカ合衆国によって進められた原子爆弾を開発するための極秘計画。

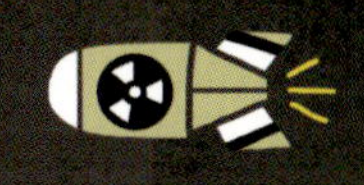

モジュライ空間

数学問題の一部には答えがひとつだけではないものがある。特定の幾何学問題についてありえる解答すべてがあわさったものがモジュライ空間と呼ばれる。

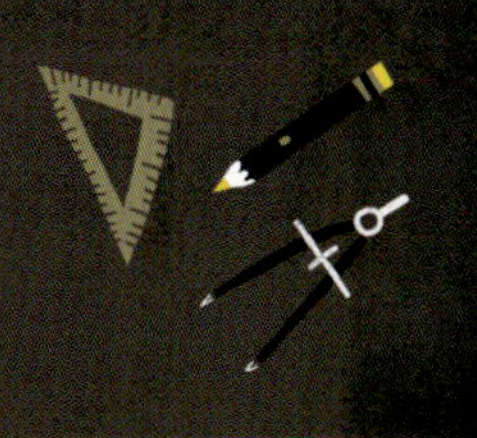

粒子加速器

電磁場を用いて粒子を超高速で動かし、互いに衝突させて粉砕する。

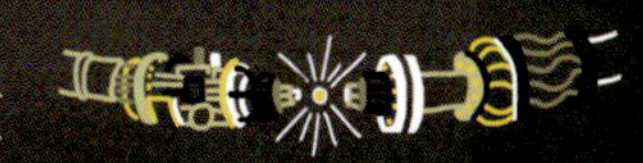

参考資料

この本のための調査はとても楽しいものでした。私はあらゆる種類の情報源を利用しました。新聞、インタビュー、講義、本、映画、そしてインターネットも！　もしあなたがこういった女性たちについてもっと知りたくなったら（もちろん知りたいはず）、こちらの参考資料の一部をどうぞ。この本で取りあげられている女性たちについては、次のウェブサイトも参照のこと。

www.readwomeninscience.com/resources

映像

Beautiful Minds: Jocelyn Bell Burnell. Directed by Jacqui Farnham. BBC Four, 2010. Series 1, episode 1 of 3.

Commencement Address: From Vassar to the Discovery of the Higgs Particle. Performed by Sau Lan Wu. Vassar College, 2014. commencement.vassar.edu/ceremony/2014/address/

The Genius of Marie Curie. Directed by Gideon Bradshaw. BBC, 2013.

Great Floridians Film Series–Marjory Stoneman Douglas. By Marilyn Russell. Florida Department of State, 1987.

Jane Goodall at Concordia: Sowing the Seeds of Hope. Concordia University, 2014. www.youtube.com/watch?v=vibssrQKm60

May-Britt and Edvard Moser–Winner of the Körber European Science Prize 2014. Directed by Axel Wagner. Koerber-Stiftung, 2014. www.youtube.com/watch?v=592ebE5U7c8

Mission Blue. Directed by Robert Nixon and Fisher Stevens. Insurgent Media, 2014.（『ミッション・ブルー』ロバート・ニクソン、フィッシャー・スティーヴンス監督、インサージェント・メディア、2014）

Signals: The Queen of Code. Directed by Gillian Jacobs. FiveThirtyEight, 2015. fivethirtyeight.com/features/the-queen-of-code/

Valentina Tereshkova: Seagull in Space. Russia Today, 2013. www.youtube.com/watch?v=Y2k9s-NbNaA

The Volcano Watchers. Directed by David Heeley. PBS, 1987.

ウェブサイト

アメリカ自然史博物館：www.amnh.org
ブリタニカ百科事典：www.britannica.com
ユダヤ女性アーカイヴ：www.jwa.org/encyclopedia
メーカーズ（人物伝の映像集）：www.makers.com
NASA（米国航空宇宙局）：www.nasa.gov
全米発明家殿堂：www.invent.org
米国女性史博物館：www.nwhm.org
ノーベル賞公式サイト：www.nobelprize.org
心理学におけるフェミニストたちの声：www.feministvoices.com
アメリカ国立医学図書館：cfmedicine.nlm.nih.gov

本

Adams, Katherine H., and Michael L. Keene. 2010. *After the Vote Was Won: The Later Achievements of Fifteen Suffragists*. Jefferson, NC: McFarland.

Layne, Margaret. 2009. *Women in Engineering*. Reston, VA: ASCE Press.

Dzielska, Maria. 1995. *Hypatia of Alexandria*. Cambridge, MA: Harvard University Press.

McGrayne, Sharon Bertsch. 1993. *Nobel Prize Women in Science: Their Lives, Struggles, and Momentous Discoveries*. Secaucus, NJ: Carol Publishing Group.（『お母さん、ノーベル賞をもらう』シャロン・バーチュ・マグレイン著、中村桂子監訳、中村友子訳、工作舎、1996）

Peterson, Barbara Bennett. 2000. *Notable Women of China: Shang Dynasty to the Early Twentieth Century*. Armonk, NY: M.E. Sharpe.

Swaby, Rachel. 2015. *Headstrong: 52 Women Who Changed Science -And the World*. New York: Broadway Books.

感謝のことば

まずはいま現在、科学の分野で働いているすべての女性たちに感謝します。その情熱と懸命な仕事を通じて、彼女たちはより良い未来を創り出しているのです。そしてもちろん、優秀な医師、科学者、エンジニアになるべく夜遅くまで勉強や実験をしている女性たちにも感謝を。そして、虫と遊び、星を見あげ、古い機械をばらばらに分解して親を手こずらせているすべての女の子たちにもありがとう。

私がこの本を作っているあいだ、愛とサポート、すばらしい提案、ベーグルを与えてくれたトーマス・メイソン４世に特別な感謝を。ミア・メルカード、文法の専門知識をありがとう。もうひとり、この本に登場する数学を私が理解するのを助けてくれたアディテアにすごく特別な感謝を。その優れた提案、卓越した綴りの技術、ファクトチェックの手伝い、そしてもちろんおいしいビリヤニもありがたかった。

私の担当編集者キャトリン・ケッチャム、ブックデザイナーのアンジェリーナ・チェニーとタチアナ・パヴロワ、テン・スピード・プレスの才能あふれるみなさんの労力と専門技能に感謝を捧げます！　そして、私の作品を見つけ、私を信じてくれた文芸エージェントのモニカ・オドムに大きな感謝を。

著者について

©Rachel Ignotofsky

レイチェル・イグノトフスキーはアメリカ合衆国ニュージャージー州でまんがとおやつを健康的に摂取しながら育った。2011年、タイラー美術学校のグラフィックデザイン科を優秀な成績で卒業。現在は美しいミズーリ州カンザスシティにて、一日中絵を描いたりできる限り学んだりしながら暮らしている。彼女は密度の濃い情報をわかりやすく愉快に表現することに情熱を注ぎ、教育的なアート作品を創作することに打ちこんでいる。

レイチェルは歴史と科学に創作意欲を刺激され、イラストレーションは学びをわくわくするものにできる強力なツールであると信じている。彼女は自分の作品を通じて、教育、科学リテラシー、偉大な女性についてのメッセージを広めている。そしてこの本が少女と女性たちに自らの夢と情熱を追う意欲をふるいたたせることを願っている。

これはレイチェルにとってはじめての本であり、これからもっとたくさんの本を書く予定。レイチェルの教育的アート作品と、彼女についてのさらにくわしい情報は、公式サイトをどうぞ。

www.rachelignotofskydesign.com

索引(さくいん) INDEX

〈訳者略歴〉
野中モモ
翻訳者・ライター。訳書にクリスティン・マッコーネル『いかさまお菓子の本』（国書刊行会、2017年）、ルピ・クーア『ミルクとはちみつ』（アダチプレス、2017年）、ロクサーヌ・ゲイ『バッド・フェミニスト』（亜紀書房、2017年）、ダナ・ボイド『つながりっぱなしの日常を生きる』（草思社、2014年）など。著書に『デヴィッド・ボウイ』（筑摩書房、2017年）。共編著書に『日本のZINEについて知ってることすべて』（誠文堂新光社、2017年）。

WOMEN IN SCIENCE -50 FEARLESS PIONEERS WHO CHANGED THE WORLD
Copyright ©2016 by Rachel Ignotofsky
These translation published by arrangement with Ten Speed Press,
an imprint of the Crown Publishing Group, a division of Penguin Random House, LLC
through Japan UNI Agency, Inc., Tokyo

世界を変えた50人の女性科学者たち

2018年4月20日　第1版第1刷発行
2020年6月10日　第1版第2刷発行

著　者　レイチェル・イグノトフスキー
訳　者　野中モモ
発行者　矢部敬一
発行所　株式会社創元社

https://www.sogensha.co.jp/
本　　社　〒541-0047　大阪市中央区淡路町4-3-6
　　　　　TEL. 06-6231-9010（代）　FAX. 06-6233-3111
東京支店　〒101-0051　東京都千代田区神田神保町1-2 田辺ビル
　　　　　TEL. 03-6811-0662

装丁・組版　堀口努（underson）
印刷所　大日本印刷株式会社

Japanese translation ©2018 NONAKA Momo,Printed in Japan
ISBN978-4-422-40038-9 C0040 NDC280
《検印廃止》落丁・乱丁の際はお取替えいたします。

〈出版者著作権管理機構　委託出版物〉
本書の無断複製は著作権法上での例外を除き禁じられています。
複製される場合は、そのつど事前に、出版者著作権管理機構
（電話 03-5244-5088、FAX 03-5244-5089、e-mail: info@jcopy.or.jp）
の許諾を得てください。

JCOPY

本書の感想をお寄せください
投稿フォームはこちらから▶▶▶▶